自然资源部矿山地质灾害成灾机理与防控重点实验室资助

秦巴山区地质灾害监测预警技术及应用

QIN-BA SHANQU DIZHI ZAIHAI JIANCE YUJING JISHU JI YINGYONG

郝光耀　李永红　姬怡微　刘铮瑶　姚超伟　谢婉丽　　　◇著
李　辉　刘海南　杨　渊　张新宇　何意平

中国地质大学出版社
ZHONGGUO DIZHI DAXUE CHUBANSHE

图书在版编目(CIP)数据

秦巴山区地质灾害监测预警技术及应用/郝光耀等著.—武汉:中国地质大学出版社,2025.6. —ISBN 978-7-5625-6206-1

Ⅰ.P694

中国国家版本馆 CIP 数据核字第 2025F8S202 号

秦巴山区地质灾害监测预警技术及应用	郝光耀　李永红　姬怡微　刘铮瑶　姚超伟　谢婉丽　著
	李　辉　刘海南　杨　渊　张新宇　何意平

责任编辑:唐然坤	选题策划:唐然坤	责任校对:胡　萌

出版发行:中国地质大学出版社(武汉市洪山区鲁磨路388号)	邮编:430074
电　　话:(027)67883511　　传　　真:(027)67883580	E-mail:cbb@cug.edu.cn
经　　销:全国新华书店	https://cugp.cug.edu.cn

开本:880mm×1230mm　1/16	字数:277千字　印张:8.75
版次:2025年6月第1版	印次:2025年6月第1次印刷
印刷:湖北新华印务有限公司	

ISBN 978-7-5625-6206-1	定价:96.00元

如有印装质量问题请与印刷厂联系调换

前　言

　　陕西省地跨陕北黄土高原、关中断陷盆地和陕南秦巴山区三大地貌单元,地质环境复杂多变。在降水和人类工程活动等多重因素影响下,陕西省地质灾害频发且突发,其中秦巴山区更是地质灾害防范的重中之重。因此,本书以秦巴山区为研究对象,开展地质灾害监测预警技术研究,以期提高地质灾害的成功预报率,从而最大限度地避免人员伤亡和财产损失,实践意义重大。

　　本书基于应用水文地质、工程地质、环境地质等理论,采用资料收集、野外调查、勘探工程、土工检测与试验等工作方法,借助物联网通信技术,在地质灾害调查的基础上,开展了地质灾害监测预警技术研究、示范建设及推广应用。本书主要研究了秦巴山区地质灾害时空分布规律与发育特征,分析了地质灾害与引发因素的相关性,探讨了地质灾害监测预警技术的适宜性,并对典型黄土滑坡、堆积层滑坡、泥石流灾害进行了示范建设与监测。此外,本书还对汉中、安康、商洛三市滑坡地质灾害启动、加速、临灾阶段的临界雨强进行了初步研究,提出了秦巴山区专业监测、巡查排查、气象预警、群测群防等成功预报模式。

　　本书由郝光耀、李永红、姬怡微、刘铮瑶、姚超伟、谢婉丽、李辉、刘海南、杨渊、张新宇和何意平共同完成。各作者分工如下:"第一章绪论"由姚超伟撰写;"第二章地质灾害时空分布规律与发育特征"和"第三章地质灾害引发因素及相关性研究"由李永红撰写;"第四章地质灾害监测技术研究"和"第五章地质灾害预警技术及模式"由谢婉丽撰写;"第六章监测预警技术的推广应用及成效"由郝光耀撰写;"第七章主要结论"由郝光耀和李永红撰写。郝光耀负责全书的组织协调与任务部署工作;李辉负责数据分析工作;刘海南专注于成功预报模式研究;杨渊承担图表绘制工作;张新宇提供监测预警技术思路与实践案例;何意平提供地质灾害专业技术指导。鉴于地质灾害类型的多样性、研究内容的复杂性及监测技术的快速迭代性,本书撰写历经较长周期,姬怡微和刘铮瑶承担了最终的统稿、校稿及图件清绘工作,确保了全书的质量与规范性。

　　需要特别说明的是,地质灾害监测预警技术的研发与应用是一个持续探索的过程。本书研究成果主要基于 2016 年以前的地质灾害灾险情数据及专业监测示范点建设项目。此后,陕西省已全面推进地质灾害普适型监测预警体系建设,实现了对滑坡、崩塌、泥石流等灾害的实时动态监测,为区域防灾减灾构筑了坚实的"安全屏障"。

　　本书的顺利成稿离不开各级地质灾害防治主管部门的鼎力支持。特别感谢陕西省地质调查院宁奎斌总工程师、贺卫中处长的悉心组织与专业引领;感谢西安捷达测控有限公司李博总经理在实践应用环节提供的技术支撑;感谢八角寺滑坡、庙坪沟泥石流、董家河泥石流等监测点建设单位的积极参与,为研究提供了珍贵的实证素材。同时,向陕西省地质环境监测总站全体同仁在编写过程中展现的协作精神与专业支持表示深切谢意。最后,向所有关心、支持和参与本书工作的各界人士,致以最诚挚的感谢!

笔　者
2025 年 6 月

目 录

第一章 绪 论 ……………………………………………………………………… (1)
  第一节 研究背景 ………………………………………………………………… (1)
  第二节 研究现状 ………………………………………………………………… (2)
    一、地质灾害时空分布与发育规律研究现状 ………………………………… (2)
    二、地质灾害引发因素研究现状 ……………………………………………… (3)
    三、地质灾害监测技术研究现状 ……………………………………………… (4)
    四、地质灾害预警技术研究现状 ……………………………………………… (4)
    五、陕西省地质灾害监测预警现状 …………………………………………… (6)
    六、存在的问题 ………………………………………………………………… (9)
  第三节 研究范围 ………………………………………………………………… (10)
  第四节 研究内容 ………………………………………………………………… (11)
  第五节 研究方法 ………………………………………………………………… (12)

第二章 地质灾害时空分布规律与发育特征 …………………………………… (13)
  第一节 地质灾害时间分布规律 ………………………………………………… (13)
  第二节 地质灾害空间分布规律 ………………………………………………… (13)
    一、地质灾害地形分布规律 …………………………………………………… (13)
    二、地质灾害地域分布规律 …………………………………………………… (17)
  第三节 地质灾害发育规律 ……………………………………………………… (18)
  第四节 地质灾害发育特征 ……………………………………………………… (18)
    一、地质环境基本特点 ………………………………………………………… (18)
    二、地质灾害类型 ……………………………………………………………… (19)
    三、地质灾害发育特征 ………………………………………………………… (21)
  第五节 小 结 …………………………………………………………………… (24)

第三章 地质灾害引发因素及相关性研究 ……………………………………… (25)
  第一节 气象与地质灾害 ………………………………………………………… (25)
  第二节 地形地貌与地质灾害 …………………………………………………… (28)
    一、地形坡度 …………………………………………………………………… (28)
    二、地貌 ………………………………………………………………………… (28)
  第三节 地层、岩土体与地质灾害 ……………………………………………… (31)
    一、地层 ………………………………………………………………………… (31)
    二、岩土体 ……………………………………………………………………… (34)
  第四节 地震与地质灾害 ………………………………………………………… (35)
  第五节 地质构造与地质灾害 …………………………………………………… (37)

一、地质构造单元与地质灾害 …………………………………………………………………… (38)
　　二、断裂构造与地质灾害 …………………………………………………………………………… (40)
　第六节　水的作用与地质灾害 …………………………………………………………………………… (42)
　　一、降水 …………………………………………………………………………………………………… (42)
　　二、地表水 ………………………………………………………………………………………………… (43)
　　三、地下水 ………………………………………………………………………………………………… (45)
　第七节　人类工程活动与地质灾害 ……………………………………………………………………… (46)
　　一、道路建设 ……………………………………………………………………………………………… (46)
　　二、矿山开采 ……………………………………………………………………………………………… (48)
　　三、城镇建设 ……………………………………………………………………………………………… (49)
　　四、斜坡垦殖 ……………………………………………………………………………………………… (49)
　第八节　小　结 …………………………………………………………………………………………… (50)

第四章　地质灾害监测技术研究 …………………………………………………………………………… (52)
　第一节　监测方法适用性研究 …………………………………………………………………………… (52)
　　一、地质灾害监测技术现状 ……………………………………………………………………………… (52)
　　二、滑坡主要监测技术方法 ……………………………………………………………………………… (53)
　　三、泥石流主要监测技术方法 …………………………………………………………………………… (54)
　第二节　堆积层滑坡监测技术 …………………………………………………………………………… (55)
　　一、王洼滑坡 ……………………………………………………………………………………………… (55)
　　二、阳坡十组滑坡 ………………………………………………………………………………………… (68)
　第三节　黄土滑坡监测技术 ……………………………………………………………………………… (73)
　　一、八角寺滑坡概况 ……………………………………………………………………………………… (73)
　　二、滑坡特征 ……………………………………………………………………………………………… (74)
　　三、具体监测内容 ………………………………………………………………………………………… (79)
　　四、监测预警系统功能 …………………………………………………………………………………… (81)
　第四节　高频泥石流监测技术 …………………………………………………………………………… (82)
　　一、庙垭沟泥石流区概况 ………………………………………………………………………………… (83)
　　二、庙垭沟泥石流特征 …………………………………………………………………………………… (83)
　　三、具体监测内容 ………………………………………………………………………………………… (85)
　　四、泥石流监测预警系统功能 …………………………………………………………………………… (87)
　　五、监测预警系统成果要求 ……………………………………………………………………………… (87)
　第五节　低频泥石流监测技术 …………………………………………………………………………… (87)
　　一、董家河泥石流区概况 ………………………………………………………………………………… (87)
　　二、董家河泥石流特征 …………………………………………………………………………………… (88)
　　三、具体监测内容 ………………………………………………………………………………………… (90)
　　四、泥石流监测预警报警功能 …………………………………………………………………………… (93)
　第六节　小　结 …………………………………………………………………………………………… (94)

第五章　地质灾害预警技术及模式 ………………………………………………………………………… (95)
　第一节　临界阈值研究 …………………………………………………………………………………… (95)
　　一、研究思路 ……………………………………………………………………………………………… (95)
　　二、临界阈值研究 ………………………………………………………………………………………… (96)
　　三、监测预警特征值的确定 ……………………………………………………………………………… (98)

  四、滑坡灾害预报预警分级 …………………………………………………………………（99）
 第二节　群测群防预警模式 ……………………………………………………………………（100）
 第三节　专业监测预警模式 ……………………………………………………………………（103）
  一、野外信息实时采集系统 ……………………………………………………………………（103）
  二、地质灾害信息传输网络 ……………………………………………………………………（104）
  三、智能分析平台 ………………………………………………………………………………（104）
  四、监测指挥中心 ………………………………………………………………………………（105）
 第四节　预警技术 ………………………………………………………………………………（106）
  一、监测预警技术 ………………………………………………………………………………（106）
  二、监测预警系统功能 …………………………………………………………………………（107）
 第五节　小　结 …………………………………………………………………………………（109）

第六章　监测预警技术的推广应用及成效 ……………………………………………………（110）
 第一节　监测预警技术推广应用 ………………………………………………………………（110）
  一、建立共同防范的责任机制，夯实群测群防体系 …………………………………………（110）
  二、在群测群防体系的基础上，推广专业监测技术 …………………………………………（113）
 第二节　地质灾害成功预报成效 ………………………………………………………………（115）
 第三节　地质灾害成功预报基本做法 …………………………………………………………（117）
  一、开展地质灾害调查评价 ……………………………………………………………………（117）
  二、加强地质灾害监测预警 ……………………………………………………………………（118）
  三、推进移民搬迁工程治理 ……………………………………………………………………（118）
  四、地质灾害防治平战结合 ……………………………………………………………………（119）
  五、全年24小时应急与值守 …………………………………………………………………（119）
  六、开展应急演练宣传培训 ……………………………………………………………………（119）
 第四节　地质灾害成功预报模式 ………………………………………………………………（120）
  一、群测群防型 …………………………………………………………………………………（120）
  二、巡查排查型 …………………………………………………………………………………（121）
  三、专业监测型 …………………………………………………………………………………（122）
  四、气象预警型 …………………………………………………………………………………（124）
 第五节　小　结 …………………………………………………………………………………（125）

第七章　主要结论与成果局限性 ………………………………………………………………（126）
  一、主要结论 ……………………………………………………………………………………（126）
  二、成果局限性 …………………………………………………………………………………（127）

主要参考文献 ……………………………………………………………………………………（128）

第一章 绪 论

第一节 研究背景

陕西省由北向南地跨陕北黄土高原、关中断陷盆地、陕南秦巴山地三大地貌单元,地质环境复杂多变,地质灾害频发。

陕北黄土高原是在新近纪准平原基础上,历经第四纪以来多次黄土堆积和侵蚀作用形成的,地形破碎,川塬相间,沟壑纵横,地势起伏大。黄土高原地处青藏高原东北部,受西风气流动力和热力作用,在黄土高原地区易形成气旋性涡旋,造成该地区常常发生区域暴雨或局部极端降水天气,降水和特有的地形地貌使陕北黄土高原区也成为陕西省地质灾害的多发区,常常造成严重的生命财产损失。据《陕北黄土梁峁沟壑区地质灾害与降雨关系浅析——以陕北延安地区2013年强降雨引发地质灾害为例》,2013年7月,陕北尤其是延安地区遭受强降水袭击,造成严重经济损失及人员伤亡,倒塌房屋(窑洞)约4.5万间(孔),损毁房屋(窑洞)26.6万间(孔),造成154.5万人受灾,因灾死亡42人(含山洪及塌窑遇难者),直接经济损失115亿元(滕宏泉等,2016)。其中,引发滑坡、崩塌、泥石流等地质灾害8000余处,有人员伤亡及经济损失的灾情近300起,因地质灾害死亡近30人。

关中断陷盆地位于黄土高原南缘与秦岭山脉之间,号称八百里秦川,在陕西省的经济发展中一直起着重要作用。然而,受日益增强的人类工程活动的影响,这块古老的黄土地由于地质环境比较脆弱,黄土崩塌、滑坡等地质灾害极为严重。据庄建琦等(2015)《"9·17"灞桥灾难性黄土滑坡形成因素与运动模拟》,2011年9月17日,西安市灞桥区席王街道办事处石家道村白鹿塬北坡发生山体滑坡,冲毁西安雁塔陶瓷公司部分厂房与宿舍,造成32人死亡或失踪5人受伤。

陕南秦巴山地沟谷纵横,山大沟深,地貌形态复杂多样,北部秦岭横亘,南部大巴山和米仓山盘踞,汉江横贯东西,盆地零星散布于群山之间。在地质历史上,陕南秦巴山地受多旋回造山运动影响,形成了区内复杂的地质构造。受地震、深大断裂活动、新构造运动等地质作用的影响,秦巴山地长期处于不稳定状态,降水充沛且集中,滑坡、崩塌、泥石流等地质灾害频发、高发,加之受人类工程活动的影响,历年来陕南是陕西省地质灾害的高发区。据《紫阳县"2000.7"特大暴雨山洪灾害成因及预防措施》(巨安祥和安芳东,2000),2000年7月11—13日,紫阳县特大暴雨导致山洪泥石流灾害暴发,同时引发山体滑坡灾害。暴雨强度之大、造成灾害之巨为紫阳县置县488年和有气象资料记载数十年之首。以联合乡(现为联合镇)渔泉村7组为例,7月13日中午,当时7组41户居民在村的43人中就有37人因沟道泥石流及周围山体瞬间滑塌遇难。该组总人口135人,除在外地打工的90多人外,其余全部遇难和受伤,连片房屋被夷为平地。据《陕南地区强降雨条件下突发型地质灾害成因机制研究》(周样样,2013),2010年7月15—24日,陕南地区先后两次遭遇强降雨,时间长,范围广,强度大,地质灾害多点暴发。7月18日安康市汉滨区大竹园镇七堰村寨子湾沟发生滑坡,29人死亡或失踪;安康市岚皋县四季镇木竹村党参堡附近发生滑坡,造成20人死亡或失踪1人重伤;7月23日商洛市山阳县高坝店镇桥耳沟村

5组发生滑坡,27人死亡或失踪3人受伤;商洛市丹凤县竹林关镇南部大柴沟和姚沟发生泥石流,造成6人死亡或失踪。2011年7月2—5日,汉中市略阳县持续强降水,导致嘉陵江左岸略阳—康县公路K0+300m处发生岩质滑坡,18人死亡4人受伤。

近年来,地质灾害防治主管部门围绕调查评价、监测预警、综合治理、能力建设、风险管控五大体系,做了大量卓有成效的防治工作,取得了明显的防治效果。通过多轮地质灾害调查,初步查清了全省地质灾害隐患家底;建立了完善的群测群防网络体系,在部分地质灾害隐患点上实现了群专结合的监测预警,省、市、县地质灾害防治主管部门与气象部门联合发布了气象预报预警产品;各级财政投入专项经费治理了一批地质灾害隐患点,搬迁了一批地质灾害隐患点上受地质灾害威胁的群众;通过宣传培训、多种形式的演练,人民群众的防灾意识得到了大幅度提升。地质灾害成功预报数量整体呈上升态势,避免了大量人员伤亡和财产损失。

第二节 研究现状

一、地质灾害时空分布与发育规律研究现状

地质灾害时空分布和发育规律主要研究地质灾害在时间、空间上的变化,是研究地质灾害的基础。目前国内外诸多学者对地质灾害的时空分布与发育规律进行了研究,取得了丰硕的成果,主要表现在以下几个方面。

1. 地质灾害时空分布特征研究

张春山等(2000)将中国地质灾害分为2个大区12个亚区,分析了地质灾害发育的不规则性、周期性和累进性等。何芳等(2012)研究了矿业开发引起的崩塌、滑坡、泥石流、地面塌陷、地裂缝等地质灾害的时空分布特征和危害。李媛等(2013)对山区丘陵县(市)地质灾害调查成果分析后,提出了地质灾害在时空分布上具有一定的规律性。白永健等(2014)认为地质灾害的分布与地形地貌、地质构造、降水等有密切的关系,时空分布差异明显。张立杰等(2016)分析了广西地质灾害发育的时空分布规律及其形成原因。李东升等(2016)研究了地质灾害时空发育特征对重庆干线公路断道的影响。张玉娇和侯君君(2017)利用SPSS软件对佛坪县地质灾害进行了统计归纳,得出了佛坪县地质灾害时空分布特征。祝俊华等(2017)采用ArcGIS软件研究了延安市滑坡的时空分布规律和发育特征,提出了滑坡在年降水量多的地区集中分布,在人口和交通工程密集区域内集中分布的观点。

2. 不同类型的地质灾害时空分布特征与发育规律的研究

何芳等(2008)分析了西北地区矿山地质灾害现状、危害程度及时空分布特征,发现地面塌陷和地裂缝灾害的数量最多、影响面积最大,泥石流灾害造成的人员死亡和经济损失最严重,秦岭山地是泥石流灾害高发区,黄土高原是采空地面塌陷、地裂缝灾害的多发区。杜亮(2017)认为温州市滑坡及隐患的主要影响因子是降水(尤其5—8月)和地形地貌因素,崩塌及隐患的主要影响因子为居民分布区(人类工程活动区域)、降水和坡度因素,泥石流的主要影响因素则是强降水和地貌形态。Cvetkovi和Dragicevi(2014)利用SPSS对布鲁塞尔1900—2013年发生的地震、火山爆发和旱灾的形式、影响和时空分布特征进行了分析。强菲等(2015)对陕南秦巴山区地质灾害的数量、规模、物质组成等进行概率统计分析,认为该区地质灾害以小型浅层堆积层滑坡为主,地质灾害、断裂、河流及道路的空间分布具有分形特征。

3. 某一个特定影响因子下的地质灾害时空分布特征的研究

张春山等（1999）研究了新构造运动影响下中国地质灾害时空分布特征与形成条件。曾磊和黄玉华（2010）以陕北黄土高原延安地区子长市为研究区，系统研究了河流演变与地质灾害发育的特征和分布规律，提出河谷地貌的演化发育程度对地质灾害发育规律具有明显的控制作用。刘艳辉等（2011）以2006—2007年汛期地质灾害发生情况为例，对区域地质灾害与年降水量、月降水量、月暴雨日数、典型降水过程之间的时空分布关系开展了系统分析，认为降水是群发型地质灾害发生的重要引发因素，地质灾害的发育密度与年均降水量成正比，其分布主要受强降水区域控制，与月降水量、月暴雨日数具有一定的对应关系。尹先娥和常智胜（2016）以水城县（现称水城区）重点地区重大地质灾害隐患详细调查成果为依据，从自然因素和人类工程活动两大方面对地质灾害孕育背景及引发因素进行研究，通过对新增地质灾害隐患的统计分析，归纳总结出地质灾害隐患在时空上的分布规律及其主要影响因素。

4. 地质灾害发育规律的研究

Laksmiwati等（2013）分析了印度尼西亚的灾害管理信息系统，提出了利用历史灾害时空分布特征对区域地质灾害进行预测。黄玉华等（2015）以南秦河小流域为例，通过分析区内滑坡、崩塌地质灾害的发育特征和孕育环境得出，长期构造变形作用下的地层奠定了灾害发育的物质基础，多种结构面对崩塌、滑坡灾害的形成起着控制作用，斜坡结构类型控制着崩塌、滑坡灾害的成灾模式，构造断裂控制着崩塌、滑坡灾害的空间分布，人类工程活动加剧了崩塌和滑坡的发育程度，而极端降水是崩塌、滑坡地质灾害发生的主要因素。唐皓等（2015）以略阳县为例，对受汶川地震影响的陕西省重灾县滑坡进行了统计分析研究，认为以略阳为代表的陕西重灾县滑坡灾害极为发育，滑坡类型以堆积层滑坡为主，黄土滑坡次之，岩质滑坡最少；滑坡发育在时间上具有年际与年内的集中期特点，在空间上主要分布于低中山区，平面上主要分布在县城周围人类工程活动强烈区；并提出滑坡的发育分布是地形地貌、地层岩性、地质构造、气象水文及人类工程活动等多种影响因素耦合的结果，地震作用主要是通过能量的传递对斜坡产生短期促滑影响和长期稳定性扰动。

二、地质灾害引发因素研究现状

国外学者对地质灾害研究起步早，具有较完善的理论体系和实践经验。20世纪80年代，日本为了减少滑坡造成的损失，考虑地震、降水、坡度等因素对滑坡进行了空间预测。Van Asch等（1999）在总结前人的研究成果后，研究了降水引发阿尔卑斯山山体滑坡发生的成因机制。Remondo等（2005）系统地分析了西班牙北部山区人类活动对地质灾害的影响。

我国地形地貌多样，地质条件复杂，国土面积较大，气候多样，是世界上地质灾害多发的国家之一。虽然我国对地质灾害的引发因素研究开始较晚，但仍然取得了大量卓有成效的成果。张咸恭等（1990）详细论述了人类工程活动引发地质灾害的特点，并提出了分类方案与减灾对策。周平根等（1998）论述了各种人类工程活动与地质灾害的关系，提出引发地质灾害的根本原因是人类活动的盲目性与不科学性。雷祥义等（2000）系统地研究了黄土高原地区人类活动引起的地质灾害分布特征、类型及防治对策，定性地分析了人类活动对地质灾害的影响。殷跃平（2004）对三峡库区重大地质灾害成因进行了深入研究，系统探讨了滑坡、崩塌等地质灾害与地形地貌、地层岩性、地质构造以及人类工程活动之间的关系。张珍等（2005）通过搜集重庆地区历史滑坡灾害资料和历史降水资料，利用统计分析的手段，研究了降水强度、降水时间与滑坡之间的关系。

三、地质灾害监测技术研究现状

地质灾害监测是一门综合性极强的应用技术,包括了工程地质学、岩土力学、土木工程设计等基础理论,以及传感器、计算机与通信、测量等应用技术,还融入了土木工程施工等方法,并且需要对岩土体稳定状况进行动态评价。监测对象主要为变形监测、物理场监测、影响因素监测、灾害体动态变化监测以及治理工程的监测等。早在 20 世纪 50—60 年代,国外即针对边坡或滑坡的监测技术开展研究,如苏联 ЕМИЛЬЯНОВА(1956)通过对滑坡位移观测的原理与方法进行系统的总结,编写了《滑坡观测技术指南》。Christian(1977)对岩质边坡的监测技术进行了深入的研究。

目前地质灾害监测技术的发展主要是监测仪器的研发与应用,常规的有裂缝仪、测斜仪、压力计、雨量计等,高端的还有三维激光扫描仪、合成孔径干涉雷达等。李俊宝和陈良良(2020)采用三维激光扫描仪对重庆市鸡冠岭危岩体进行了扫描,监测和分析了危岩体刚性形变。王桂杰等(2011)利用合成孔径雷达对金沙江下游乌东德水电站库区内的滑坡活动进行了研究,获得了地表高精度形变位移值。当前,地质灾害的监测内容不断趋于完善,数据处理方法和精度也不断提高,使得灾害体深部变形、岩土体应力变化状况、支挡结构侧向受力、钢筋锚杆应力应变、地下水位、岩土体含水率及引发地质灾害的环境因素等都可以得到全面的监测。监测仪器和技术的发展也为地质灾害综合监测的实施提供了可靠的技术保证。

四、地质灾害预警技术研究现状

地质灾害预警是从最早的灾害机理研究、分析灾害形成条件与活动过程,再到地质灾害风险区划发展而来,人类对地质灾害的研究得到了更加广泛而又深入的研究。之后形成的由地理信息系统、遥感技术和全球定位系统共同构成的 3S 技术,能够为地质灾害预警提供高精度、实时和全天候的监测信息,加强系统预警能力。目前,我国开展的灾害风险评价主要有几个特点:一是集中在大尺度的理论探讨多,主要有灾害分布规律、机理分析等;二是单灾种的评估研究多;三是在实际应用中传统方法多,只在 20 世纪 90 年代后才出现了定量或半定量的统计分析;四是评价手段以实地调查和手工制图为主。

20 世纪 90 年代以来,随着计算机技术和信息科学的高速发展,以处理和分析地理空间数据为主要特点、满足模型计算要求、具有属性数据库与图形库动态连接和导入导出功能的地理信息系统技术得到了空前发展,该技术与地质灾害空间预测数学模型结合成为地质灾害研究的热点领域。Aleotti 等(2002)采用地理信息系统技术对意大利北部阿尔卑斯山前缘的 Piedmont 地区的滑坡、洪水、雪崩、山谷口堆积等灾害的危险性及风险性进行了区划研究。2000 年,美国地质调查局(U. S. GEOLOGICAL SURVEY)制定了《美国国家滑坡灾害减灾战略》。Ragozin(2000)从理论上研究了滑坡灾害风险评价中的危险性、易损性和风险性,提出了考虑危险性评估目标有效期限在内的单个滑坡灾害危险性指标,并用其主要控制因素的概率乘积表示;对于区域性滑坡灾害评估,提出了利用给定地区的面积、滑坡发生面积、滑坡数量和时间之间的关系建立定量模型开展研究的方法。在国家尺度上,出现了美国的长期生态学研究网络(LTER Network)、英国的环境变化研究网络(ECN)、加拿大的环境监测和分析网络(EMAN)以及德国的陆地生态系统研究网络(TERN);在区域尺度上,建成了美洲研究所(IAI)、亚太地区全球变化研究网络(APN)和欧洲全球变化研究网络(EN‑RICH);在全球尺度上,形成了全球环境监测系统(GEMS)、全球海洋观测系统(GOOS)、全球气候观测系统(GCOS)、全球陆地观测系统(GTOS)及全球变化分析、研究和培训系统(START)等。绝大多数发达国家在地质灾害多发区,采用 3S 技术、信息的卫星频道无线传输技术以及具有高度自动化的地质灾害决策支持系统,建立了较为完善的地质灾害监测预警网络。

国外研究发展的趋势主要是基于 GIS 技术的地质灾害风险评估技术和地质灾害综合信息管理与决策支持系统;开发基于 3S 技术的地质灾害数据采集、编目、存储和数据库技术模块;建设信息管理综合技术平台,建立地质灾害综合信息管理中心;研究开发地质灾害数字模拟和物理模拟技术;研制地质灾害预测、危险性区划和风险评估技术模块;开展地质灾害防治辅助决策模块开发研究。对于突发性地质灾害,尤其是崩塌、滑坡的监测技术方法在国外一些地区已发展到较高水平。监测技术方法已由过去的人工皮尺监测过渡到仪器监测,现在正在向自动化、高精度的遥测系统方向发展。监测仪器也正在向精度高、性能佳、适应范围广、监测内容丰富、自动化程度高的方向发展。各国对地质灾害预警涉及地质灾害相关学科的研究程度不一,预警系统建设所采用的方法各异,从而导致预警的可靠性与准确性也存在一定差异。目前,国内外使用较多且比较有效的预警方法有现象监测预警、数理统计预警、非线性系统理论预警、地球内外动力耦合预警、结合地理信息技术的预警等。

1. 基于现象监测与经验的预警

地质灾害同地球上其他各种事物比如物种演化一样,具有发育、破坏、衰亡的过程,可以划分为孕育期、成长期及发生期 3 个阶段,且均有明显对应的宏观现象,如地表裂缝、地声、动物异常等前兆,因此可以通过观测这类现象进行预警(于远忠,1996)。例如重庆南川金佛山颤子岩危岩体采用常规仪器与人工变形测量手段进行监测,成功实施了预警(任幼蓉等,2005)。基于定性分析判断滑坡灾害变形阶段及可能破坏时间的滑动迹象分析法、简易变形观测法及岩土体稳定性综合分析法,虽然精度不高,但也成功预报了宝成铁路须家河滑坡(王念秦和罗东海,2008)。

2. 基于数理统计方法的预警

20 世纪 80 年代后,学者们将概率论、灰色系统等现代数理统计方法应用于地质灾害预警研究中,研究了较多的预警方法,如应用于单体灾害的回归分析、聚类分析及模式识别等(殷坤龙和晏同珍,1996;杨建军等,2004;聂忠权等,2005)以及区域灾害的临界降水量、递进分析、层次分析及模糊数学等(张俊和王昂生,1994;闫满存等,2000;刘传正等,2004)。

数理统计方法是一种基于过去大量实例,进行统计分析得到能反映地质灾害发生规律的方法,而这些规律又可以用于反映未来的发展趋势(秦四清等,1993a)。例如目前在地质灾害气象预警中采用的临界降水量,即根据斜坡失稳与降水量之间的相互关系建立基于统计分析的判据,但是该方法的实施需要大量的具有意义的真实数据支撑,且明显受到统计范围的限制而难以推广应用。

3. 基于非线性系统理论的预警

20 世纪 90 年代,随着系统科学与非线性理论的发展,许多学者开始认识到地质灾害并非一个简单的个体,而是一个系统体,具有随机与确定、突变与渐变、平衡与非平衡、有序与无序对立统一的特性。因此,非线性理论为地质灾害预警研究提供了新的突破点。例如秦四清等(1995)建立了尖点突变和灰色尖点突变模型,黄润秋和许强(1997)确定了协同预报模型,彭继兵等(2005)运用信息融合技术对滑坡监测数据的处理分析进行了研究。此外,在地质灾害预警模型研究的同时,部分学者逐渐认识到在地质灾害监测预警过程中判据条件的重要性。例如许强等(2004)通过对三峡库区常见多发的滑坡预报模型与判据进行研究,指出滑坡预报的核心是建立合理的模型与判据。随后,滑坡发展过程中的物理现象也引起了学者的重视,逐步形成了滑坡综合信息预报的思想。例如胡高社等(1996)在对新滩滑坡进行研究的过程中,建立了新滩滑坡综合信息预报模型。近年来,为了将滑坡预报方法与灾害变形机理相结合,许强等(2004)首次引入了地质力学和数值模拟等现代技术手段进行预报,通过研究地质灾害的发生机理、变形破坏特征等问题,建立了综合模拟与分析模型——GMD 模型,即斜坡地质(Geology)结构基础、内部力学破坏机理(Mechanism)及变形特征(Deformation),通过物理模拟与数值计算等途径进行了滑坡综合分析预报。该方法已在三峡库区一些滑坡研究中得到了初步应用。因此,当前的地质灾害预警已进入一个基于地质力学与数值模拟的动态演变趋势综合分析时代。

4. 基于地球内外动力耦合的预警

目前，基于地球内外动力耦合的分析方法主要用于区域的地质灾害预警。该分析方法认为地质灾害是地球内外动力系统共同作用的结果，以外动力作用为主造成的地质灾害也受到内动力不同程度的影响，并且在内动力活跃地区，外动力还是引发地质灾害的主要因素。因此，可以通过耦合内外动力作用的方法建立统一的地质灾害动力学模型与预测模型（王思敬，2002；兰恒星等，2003；张桂荣等，2005）。

5. 结合地理信息技术的预警

近年来，地理信息系统技术为地质灾害监测预警研究提供了一个集信息管理、监测分析、预警为一体的技术平台。利用地理信息系统技术的强大数据管理能力，结合空间分析功能，可以进行地质灾害综合预警分析，提高预警的准确性。例如管群和刘浩吾（2002）以非线性理论为基础，结合 3S 技术，对滑坡进行了系统模拟分析。此外，通过运用遥感技术获得较全面、客观的区域地质灾害信息，可实现立体三维观测。例如乔彦肖等（2002）通过运用影像资料对张家口市的地质灾害进行了调查。

除了上述地质灾害预警方法以外，近年来也出现了不少针对我国国情而建立的地质灾害群测群防预警研究成果。例如刘传正等（2006）指出县、乡、村地方政府组织当地居民建立的为防治地质灾害的群测群防体系，是一种能有效减少灾害风险的自我管理体系。徐开祥等（2007）通过对三峡库区地质灾害群测群防体系的介绍，阐述了群测群防监测网点的布设原则、监测方法、体系管理等主要内容，以及群测群防在减灾防灾上所取得的显著效果。刘海南等（2016）通过对神木县（现神木市）进行地质灾害详细调查，建立了县级职能部门联动的群测群防体系（因神木县 56.7% 的地质灾害隐患点由人类工程活动引发，故体系内的监测人和责任人一部分由县、乡、村（组）构成，一部分由公路部门、矿山企业等单位相关人员构成），有效发挥了县级各部门职责，建立和完善了一套行之有效的地质灾害群测群防体系。

五、陕西省地质灾害监测预警现状

陕西省地质灾害监测预警历经地质灾害区域预警、（单体地质灾害）群测群防、专业监测、自动化专业监测、群专结合监测 5 个阶段。

（一）区域预警

这个阶段的监测预警是区域性的。2003 年 4 月，国土资源部（现自然资源部）和中国气象局签订了《关于联合开展地质灾害气象预报预警工作协议》，随后省、市、县地质灾害防治主管部门与气象部门相继联合开展此项工作。

1. 预报预警的流程（以省级为例）

一是地质灾害防治主管部门通过服务器接收气象台未来 24 小时的降水信息，通过事先建立的运算模型生成地质灾害预报预警产品图。该图由两个图层组成：一个是省域范围内的行政区划图层，由全省 107 个县级边界要素组成；另一个是预报预警等级图层，也是产品图的核心图层，按 5 种颜色分为 5 级。一级为发生地质灾害的可能性很小，概率为 20% 以下，用蓝色表示；二级为发生地质灾害的可能性小，概率为 20%～40%，用绿色表示；三级为发生地质灾害的可能性较大，概率为 40%～60%，用黄色表示；四级为发生地质灾害的可能性大，概率为 60%～80%，用橙色表示；五级为发生地质灾害的可能性很大，概率大于 80%，用红色表示。

二是根据产品图的预报等级，一般达到三级时，有关专家对产品的合理性进行联合会商签署后将产品图传至气象台，气象台影视制作中心形成预报预警影像资料，再传送给省电视台通过卫星频道向社会公众发布。与此同时，通过互联网、手机向社会发布全省地质灾害预报预警信息。

2. 产品图的研究与制作

产品图的核心图层或关键技术是预报等级划分,成果可能只有一张产品图,但与之相连的科学问题较多,区域性监测预警面临的问题有地质灾害多源数据库构建和利用、地质灾害预警精准方法研究等。

一是地质灾害多源数据库构建。多源性表现在空间数据与属性数据。空间数据包括矢量数据与栅格数据两种类型,其中矢量数据主要包括基础地理信息(如行政区划、道路、水系)、基础地质信息(如地层岩性、断层)以及专题图(如地质灾害分布图、易发程度分区图)等,栅格数据主要是各类遥感影像、照片等。这些数据可以利用GIS软件进行原始数据编辑、校正、修饰以及组织入库等操作。属性数据可以按照相关规范或技术标准进行统一处理。陕西省此项工作的数据源于收集的资料、遥感影像、107个县级地质灾害区划与详细调查成果、综合研究等,利用GIS软件统一处理与构建。

二是地质灾害预警方法研究。如前所述,地质灾害预警方法研究较多,长期以来,学者对地质灾害中长期预报构建了较多的模型与方法,如斋藤模型(Saito,1965)、Verhulst改进模型(李天斌,1999)、非线性预报(秦四清等,1993a)、协同预报模型(黄润秋和许强,1997)、神经网络模型等。目前,对地质灾害临灾阶段的预警主要是通过给定阈值进行判断,如临界降水强度(秦四清等,1993b;林孝松和郭跃,2001)、位移矢量角(阳吉宝和钟正雄,1995)、变形速率(胡高社等,1996;许东俊等,1999)、位移加速度(伍法权和王年生,1996)、蠕变曲线切线角(李天斌,1999)等。陕西省对该项方法研究是基于"神经网络模型+临界雨强"来实现的,临灾预警采用临界雨强完成,雨强的阈值基于对区域范围内已发生地质灾害的统计结果而确定。

区域预警数据传输未涉及物联网的部分主要采用互联网与专线实现。陕西省地质灾害气象预报预警系统运行多年以来,在全省汛期地质灾害气象预报预警中发挥了很好的作用。

(二)群测群防

群测群防的根本含义是群众性的测报和群众性的防御。群测群防率先在我国防震减灾工作中使用,始于1966年邢台地震,有一定的历史地位并发挥了重要的现实作用;其次在山洪、地质灾害等防灾减灾工作中逐渐被使用,相对于专门性防治(即政府或企业专门投入经费,委托专业部门或采用专业技术进行灾害防治)而言,其性价比较高,是中国特色防灾减灾体系的重要组成部分,为我国减轻地震及次生灾害、山洪灾害、地质灾害等以及避免人员伤亡和经济损失发挥了重要作用,其提出具有较高的战略意义。陕西省地质灾害群测群防工作经历了3个阶段。

1. 初步建立群测群防体系

群测群防体系始于2000年。当时安康市南部紫阳、岚皋、平利发生大面积山洪滑坡、崩塌、泥石流灾害,陕西省启动了以县为单位的1∶10万地质灾害调查与区划工作。从此,以平利县八仙镇灾害点为雏形的地质灾害避险工作明白卡和地质灾害防灾工作明白卡,一直在全国推广并运用到地质灾害防治工作中。以此为序幕,陕西省多方筹措资金大规模地启动了地质灾害调查与区划工作。截至2005年底,陕西省利用5年的时间全面完成了107个县级行政区的地质灾害调查与区划工作,初步查清了地质灾害隐患点底数,圈定了全省地质灾害易发程度分区,初步建立了县级、乡镇级、村(组)级的三级群测群防体系,落实了监测人和责任人。

2. 完善群测群防体系

2005年,中国地质调查局在全国开展了云南省玉溪市新平县、四川省甘孜藏族自治州丹巴县和陕西省延安市宝塔区3个地质灾害详细调查示范项目。后续通过国家财政专项经费,中国地质调查局又在陕西完成了延安、宝鸡与铜川部分县(市、区)的地质灾害详细调查工作,与此同时陕西地方财政专项经费也全面推动了其他县的地质灾害详细调查。陕西省完成了以全省易发区89个县为单元的地质灾害详细调查工作,进一步摸清了地质灾害隐患家底。通过此轮地质灾害调查,陕西省基本查清了全省地质灾害隐患点的家底,完善了县级、乡镇级、村(组)级的三级群测群防体系。

3. 进一步夯实群测群防体系

自 2000 年起,陕西省持续投入大量人力、财力推进地质灾害的综合防治工作。然而,受限于省内地质灾害易发区面积广阔、隐患点数量众多的客观条件,地质灾害的综合防治工作对群测群防员的数量需求呈持续上升趋势。在此背景下,"多查"与"漏查"问题日益凸显,成为制约群测群防体系有效运行的瓶颈。"多查"现象导致监测预警资源的低效配置与浪费,大量本可用于重点隐患点的资源被分散消耗;而"漏查"问题则使得部分实际存在的隐患点未能纳入监测体系,形成防治盲区,直接增加了地质灾害发生的风险。长此以往,不仅会导致地质灾害群测群防体系的效能弱化,甚至使其面临运行机制失衡的潜在风险,更难以实现精准监测预警的核心目标。

为此,陕西省启动地质灾害隐患点调查认定与核销工作,实现了地质灾害隐患点的动态更新,通过再次调查与认定核销了已经实施工程治理、避灾搬迁或处于稳定状态的地质灾害隐患点,将新发现的稳定性差、危险性大的地质灾害隐患及时纳入了群测群防体系,建立了地质灾害群测群防动态库,实现了年度动态更新,进一步夯实了群测群防体系。

(三) 专业监测

专业监测预警是对部署安装专业监测设备的地质灾害隐患点,通过人工或自动化监测实现地质灾害预报预警的目的。专业监测是地质灾害防治工程中较为常见的一种形式,但由于专业监测设备稳定性差,面临较高的设备费用与管理维护等问题。

陕西省地质灾害专业监测在全国范围内起步较早,均为单体监测。2002—2003 年,陕西省对商洛市山阳中学滑坡、汉中市佛坪关山滑坡、安康市紫阳一中滑坡、安康市宁陕小学滑坡共 4 处滑坡开展勘查工作,在勘查工作结束后,将勘查过程中形成的钻孔改造成专业监测孔,4 处滑坡监测点也因此变成了陕西首批专业监测点。使用的专业监测仪器主要是测斜仪,辅以必要的人工地表裂缝变形监测、地下水位和水温监测仪器。这 4 处专业监测点于 2004 年全部建成并投入使用,建成初期,共有 15 个深部位移监测孔、20 个地下水监测点、13 个地表裂缝监测点。每季度监测一次,雨季加密监测,每次监测取两组数值。使用测斜仪监测时,由监测人员将仪器顺监测孔内置轨道放置到孔内底部,自下而上,每 0.5 m 测一个数值;一个方向测完后,将仪器(探头)旋转 180°后再测一遍,即每次测两组数据,测量数据随孔深而不同。在 2005 年建成初期,4 处监测点均取得了较完整的监测数据,但由于仪器的稳定性较差,运行一年后,设备先后更新换代,监测数据接续难,加之部分监测孔因施工堵塞或破坏、人工监测水平参差不齐、后期运行维护没有跟上,导致监测数据的连续性、有效性及可靠程度相对较差。"5·12"汶川大地震期间,部分监测数据突变,起到了一定的预警作用。为了继续加强监测,根据地质灾害防治规划,于 2015 年后,陕西省先后对部分滑坡的监测设备进行了更新,初步实现了自动化专业监测预警。

(四) 自动化专业监测

自动化专业监测实质是专业监测的升级版。随着区域预警、群测群防、专业监测暴露出的人力成本高、精细化程度低、数据可靠程度差、实时性差的弊端,再加上遥感技术、卫星导航定位技术、合成孔径雷达、物联网技术、移动互联网技术的发展为地质灾害监测预警提供了更为精确的技术支撑,特别是物联网的高速发展,这些条件使地质灾害监测预警面向自动化、网络化、智能化成为可能。我国的自动化监测预警在 2000 年后才启动,2001 年在三峡库区、四川都江堰和雅安,2007 年在云南哀牢山、福建闽东南等地相继开展了专业性的自动化地质灾害监测预警工作。

我省第一个是旬阳市商贸街滑坡自动化专业监测示范站,于2009年建成,当时处于国内领先水平。自动化监测设备有测斜仪、地表位移计、地下水位计、土壤含水率监测仪、雨量计等。各监测点获取的数据通过本地传感器、无线网络和北斗卫星系统实时传送到县监测中心、省监控中心;再通过程序处理,将监测数据存入相应的数据库,达到随时查阅和提取监测数据的目的,以此掌握滑坡体的变形破坏情况。

第二个是临潼区骊山滑坡自动化监测系统。1985年西安市在全市地质灾害普查时发现了骊山滑坡,成立了专门机构,即西安市防治骊山滑坡办公室。该滑坡点直接威胁华清池等名胜古迹的安全,并危及附近多个单位及居民区安全。监测工作始于1987年,监测之初主要为人工监测,为了克服人工监测时间长、处理速度慢、雨天受阻可能造成的重要变形迹象错漏等弊端,2009年工作人员对变形最严重的3个区实施自动化监测,主要布设了测斜仪、雨量计、地表位移计、孔隙水压力计、土壤含水率监测仪以及视频监测系统。运用自动化远程监测手段对骊山滑坡进行了远程实时监测,大大提高了骊山滑坡监测精度和监测时效,为骊山滑坡变形破坏研究提供了长期、连续、可靠的监测数据。

随后,又分别建成了佛坪县庙垭沟泥石流自动化监测预警站、南郑区董家沟泥石流自动化监测预警站、金台区八角寺滑坡自动化监测预警站。与此同时,长安大学采用InSAR技术对西安市地面沉降进行了监测预警,西安科技大学应用LiDAR技术在陕北煤矿开采区对地面塌陷进行监测预警。

(五)群专结合监测

陕西省地质灾害群测群防走过了20余年的历史,专业监测发展为自动监测也走了10年以上的历程。随着信息技术的飞速发展、监测设备的日新月异、系统开发的相互独立、临界值研究的瓶颈受阻、标准规范的空档缺失,专业监测缓慢起步,摇摆前行,要达到更精准的专业监测水准还需走很长的道路。另外,一些缺乏专业知识的群测群防员工作开展困难,专业自动化监测预警体系运行维护困难;当然,无论是群测群防还是专业监测,必须高度融合、互相取长补短。因此,群专结合监测的预警体系是未来很长一段时间内最有效的预防地质灾害的手段之一。例如2016年,陕西省建成第一个群专结合监测示范点——王洼滑坡,在此基础上推广了群专结合监测预警模式,这套监测预警模式经受住了多次强降水的考验。王洼滑坡位于商洛市商州区杨峪河镇民主村,于2011年变形加剧,威胁多户村民、村道及耕地安全。该滑坡属于陕南地区典型的堆积层滑坡,针对该滑坡监测手段如下。

1. 群测群防

群测群防主要采用激光测距仪法、埋桩法、埋钉法,分别在王洼滑坡的滑坡体西北部进行人工监测。通过监测,发现险情后由群测群防员组织撤离。王洼滑坡群测群防管理上有两大特点:一是建立了"金字塔式"预警撤离体系,即联防组长、小组长、户长、群众按1:3规模发散,形成"金字塔式"应急撤离救援体制;二是有一个优秀的监测领头人邵汉民,他十几年如一日扎根山区、坚守岗位。

2. 专业监测

专业监测中布设了地表位移计、地下水位计、土壤含水率监测仪、雨量计、视频监测系统、远程预警机等设备。这些监测设备全部实现了自动化传输,采集的数据通过移动通信传输至区中心控制室,控制室内有地质灾害动态监测软件,可进行后期数据处理与预警。

六、存在的问题

1. 群测群防员指导机制仍存在优化空间

群测群防是我国地质灾害防治的一个创举,是我国地质灾害防治有别于其他国家的一个显著特征。根据陕西省地质灾害成功预报案例统计数据,地质灾害成功预报多数由群测群防员发出第一声预警信号。因此,群测群防员在陕西省地质灾害防治工作中占据了举足轻重的位置。即便如此,群测群防工作还存在一定的问题。一是人员难找问题。受地质灾害威胁的区域基本上是山区,符合要求的人员基本上外出务工,留守的是妇女、儿童与老人,虽然大部分群测群防员为了自己及周围群众的安全具有一定的奉献精神,但是每年微薄的监测补助经费使得生活难以维持,基本上只能辅助监测。但群测群防的要求又高,且汛期要求24小时坚守岗位,以至于群测群防员的流动性非常大。二是科学指导不够的问题。通过检查群测群防员监测记录本的大部分监测数据可以看出,其中存在填报不规范或者分析数据不到位的问题,这样长期下去也有可能会延误预警信号的发布,主要原因是一定范围内的群测群防监测员没有稳定的上级专业机构进行指导。

2. 地质灾害预警信息精细化程度需要进一步提升

各期预警产品或手机短信预警信息的一般表达格式为:"从今天晚上到明天白天,×××、×××、×××等部分地区发生滑坡、崩塌、泥石流等地质灾害的可能性较大,请注意防范。"这类信息只能起到一定的警示作用,应该加强区域性的防范工作。具体问题表现为:第一,汉中东部有西乡盆地,商洛南部有商丹盆地,安康有安康盆地,这些地方也全在预警范围内,也就是说按这样的预报产品启动预案,人们在盆地内也得防范概率为40%～60%的地质灾害,显然可行性较低;第二,就算是预警范围圈定一面具体的边坡,其坡度、坡形、岩土体结构、地下水条件等在不同坡体位置都不尽相同,企图用一个临界值去预警该范围内的所有地质灾害是不现实的;第三,预警范围是一个区域范围,预警区范围以外的所有边坡都被排除在预警目标之外,而实际上非易发区内也会有地质灾害的发生,这样就会遗漏一些潜在的灾害点。

3. 专业自动化监测预警技术面临诸多科学瓶颈

地质灾害的专业自动化监测,实际上是物联网技术的实践与应用。简单地说,物联网关键技术有3层架构,即感知层、网络层、应用层。感知层也称数据采集层,主要是通过设备进行数据采集,目前地质灾害专业监测这一层面上的设备主要是地上与地下设备,天-空-地设备均广泛应用。网络层也称数据接收层,主要是通过现有的通信网络进行数据的传输与接收,主要运用移动通信、互联网、无线网桥。应用层也称数据发布层,主要是对接收的前端采集数据,进行分析应用并进行信息发布,这个层面的关键技术主要围绕数据分析、预警模型、预警发布等展开。感知层与网络层随着信息技术与天-空-地传输设备的快速发展,基本上不存在问题且易实现,但应用层的研究还有许多亟待解决的问题,关键在于预报预警。地质灾害的主要诱发因素有降水、地震、人类工程活动等。降水是预报预警的关键环节,多年来人们一直试图找到适用于某一地区的临界雨强,以便进行预报预警,但是现有研究没有取得突破。临界雨强尚且如此,土壤含水率临界值、水位变幅临界值等也待进一步研究。

为此,笔者在长期工作实践的基础上,以秦巴山区为研究对象,通过分析地质灾害时空分布规律与发育特征、地质灾害与引发因素的相关性,研究地质灾害的监测预警技术及成效,以期推广应用。

第三节　研究范围

本书以陕西省境内的秦巴山区为研究对象(图1-1)。研究区东、南、西以省界为界,与河南、湖北、重庆、四川、甘肃相邻,北沿千河向东经过眉县、周至县、长安区的山前地带,在渭南市华州区、潼关县和华阴市沿渭河南岸通过。研究区行政区划包括汉中市、安康市、商洛市全境,宝鸡市、西安市、渭南市南部山区。

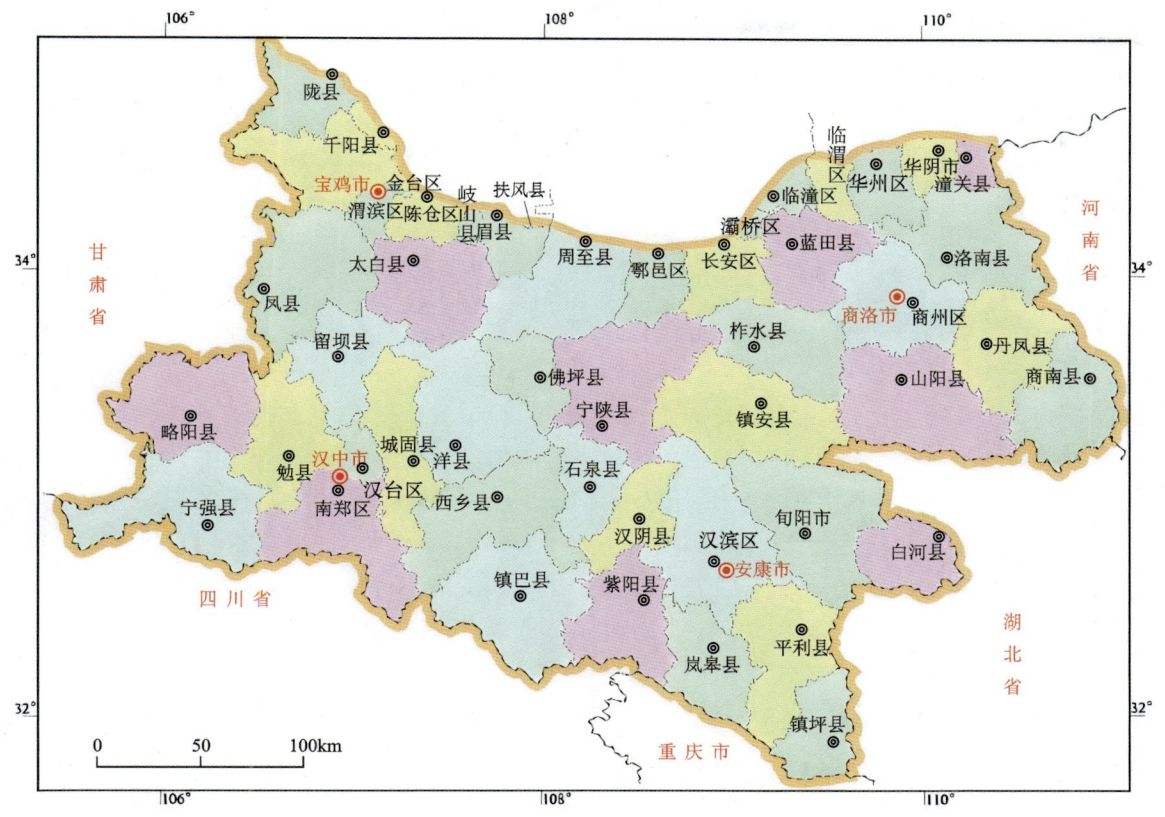

图 1-1 研究区行政范围图

第四节 研究内容

1. 地质灾害时空分布规律

从时间上、空间上研究秦巴山区地质灾害发生的特点，为地质灾害监测位置、监测时段、监测频率等工作部署提供依据。

2. 地质灾害发育特征研究

以地质灾害或地质灾害隐患为样本，重点分析秦巴山区崩塌、滑坡、泥石流等突发性地质灾害的发育特征，探寻实施各类地质灾害监测预警的最佳区域或现场，选择具有代表性的地质灾害点进行监测示范。

3. 地质灾害引发因素研究

从地形地貌、地层岩性、岩土体结构、水、人类工程活动等引发因素，逐项讨论不同因素对地质灾害的影响，为监测预警设备的选型提供依据。

4. 地质灾害监测预警研究

在研究监测方法适用性的基础上，重点对滑坡、泥石流的监测技术手段进行研究。在研究地质灾害成灾机理的基础上，以流域或县域为单位，探讨临界雨强。

5. 典型地质灾害监测预警示范建设

针对秦巴山区地质灾害发育的特点，遴选形成机理不同、发育特征不同的地质灾害，进行现场地质灾害监测预警示范建设。按物质组成,选取堆积层滑坡和黄土滑坡;按成因类型,选取降水型和库岸引发型;按发生频率,选取高频泥石流与低频泥石流。

6. 监测预警技术的推广及成效

以点形成面上的监测预警技术并推广应用,同时研究与总结取得的防灾减灾成效。

第五节　研究方法

以秦巴山区为研究范围,运用第四纪地质学、水文地质学、工程地质学、环境地质学、岩石力学、灾害学,以及物联网技术、计算机科学、信息数据传输等学科的理论和方法,通过外业调查、资料收集、山地工程、土工试验、统计分析、示范建设等工作手段,以 MapGIS、ArcGIS 和 SQLServer 为平台,运用遥感解译、三维激光扫描、合成孔径雷达、无人机等现代科学技术,基于地质灾害调查与区划、详细调查,系统展开地质灾害监测预警技术研究、示范建设及推广应用工作。围绕秦巴山区地质灾害时空分布规律与发育特征,地质灾害与引发因素的相关性,堆积层滑坡、黄土滑坡、高频泥石流和低频泥石流专业监测预警体系的适宜性,地质灾害启动、加速、临灾雨强的精准性,地质灾害成功预报模式等 5 个方面的科学技术问题,开展研究攻关。目的为:一是揭示秦巴山区地质灾害时空分布规律和发育特征,分析地质灾害与引发因素的相关性;二是建立完善群专结合的监测预警体系,形成一套系统的预报预警模式;三是确定滑坡地质灾害临界雨强,提出趋势预报方程式,并建立引发因素随时间变化的模型;四是构建秦岭南坡堆积层滑坡和北坡黄土滑坡专业监测预警体系,并在秦巴山区全面应用。详细技术路线见图 1-2。

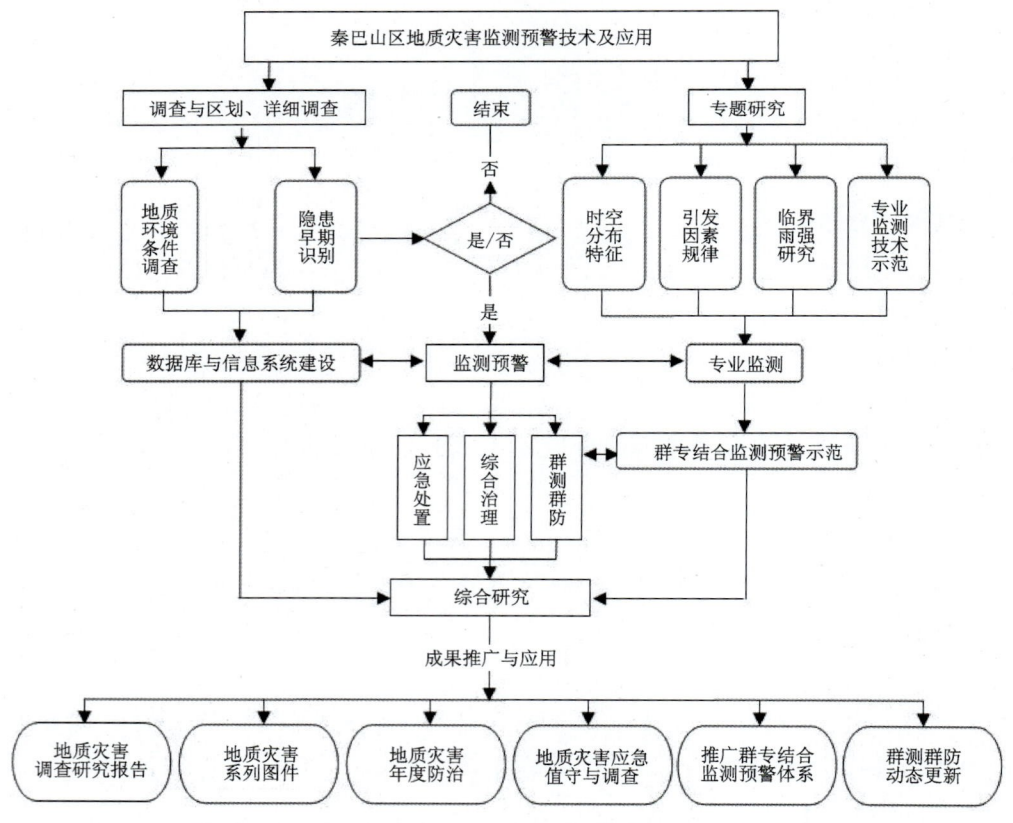

图 1-2　秦巴山区地质灾害监测预警技术及应用技术路线图

第二章　地质灾害时空分布规律与发育特征

第一节　地质灾害时间分布规律

据不完全统计,2001—2016年陕西省共发生地质灾害8193起(图2-1),造成893人死亡或失踪,333人受伤,直接经济损失约36.7亿元,秦巴山区内共发生地质灾害约4293起。

截至2016年底,陕西省有地质灾害隐患11 736处(图2-2),威胁95 374户共508 198人398 412间房屋安全,潜在经济损失约148.72亿元。秦巴山区共有地质灾害隐患约8187处。

根据地质灾害发生的月份统计,陕西省地质灾害97.11%以上发生在5—10月,其中7月份地质灾害数量最多(图2-3),占比45.94%,这与秦巴山区汛期降水充沛、雨量较大有直接关系。

按年统计分析发现,秦巴山区2010年和2011年发生地质灾害数量最多,其次为2003年、2008年、2013年,其他年份发生地质灾害数量较少(图2-4)。

秦巴山区特大型地质灾害时有发生。2000年以来陕西省共发生了6起特大型地质灾害,发生时间为2000年、2003年、2007年、2010年、2011年和2015年,即:①2000年,安康市紫阳县联合乡(现为联合镇)渔泉村7组强降水引发泥石流等灾害,造成37人死亡;②2003年安康市宁陕县城持续强降水引发大面积泥石流灾害,造成22人死亡或失踪3万余人受灾,直接经济损失约10亿元;③2007年,汉中市佛坪县椒溪河两岸的沟谷和坡体发生大面积泥石流灾害,造成3.8万人受灾,直接经济损失约1.17亿元;④2010年,商洛市丹凤县竹林关镇打柴沟和姚沟发生泥石流,造成6人死亡或失踪上万名群众受灾,直接经济损失约3.6亿元;⑤2011年,西安市灞桥区席王街道办事处石家道村白鹿原北坡发生滑坡,造成32人死亡或失踪;⑥2015年,商洛市山阳县中村镇烟家沟村发生滑坡,造成65人死亡或失踪,直接经济损失约5亿元。

第二节　地质灾害空间分布规律

一、地质灾害地形分布规律

秦巴山区的地貌单元有高山和高中山、中山、低山丘陵、黄土台塬和山间盆地等,受地貌条件的影响,各类地貌单元中地质灾害点及隐患点分布不尽相同(图2-5)。根据表2-1统计数据,低山丘陵区和中山区地质灾害最发育,在地质灾害点中,二者总和占比约74.21%,在地质灾害隐患点中,二者总和占比约78.71%。也就是说,无论对突发地质灾害的防范,还是对潜在地质灾害隐患的监测预警,低山丘陵区和中山区是秦巴山区的重点防范区。

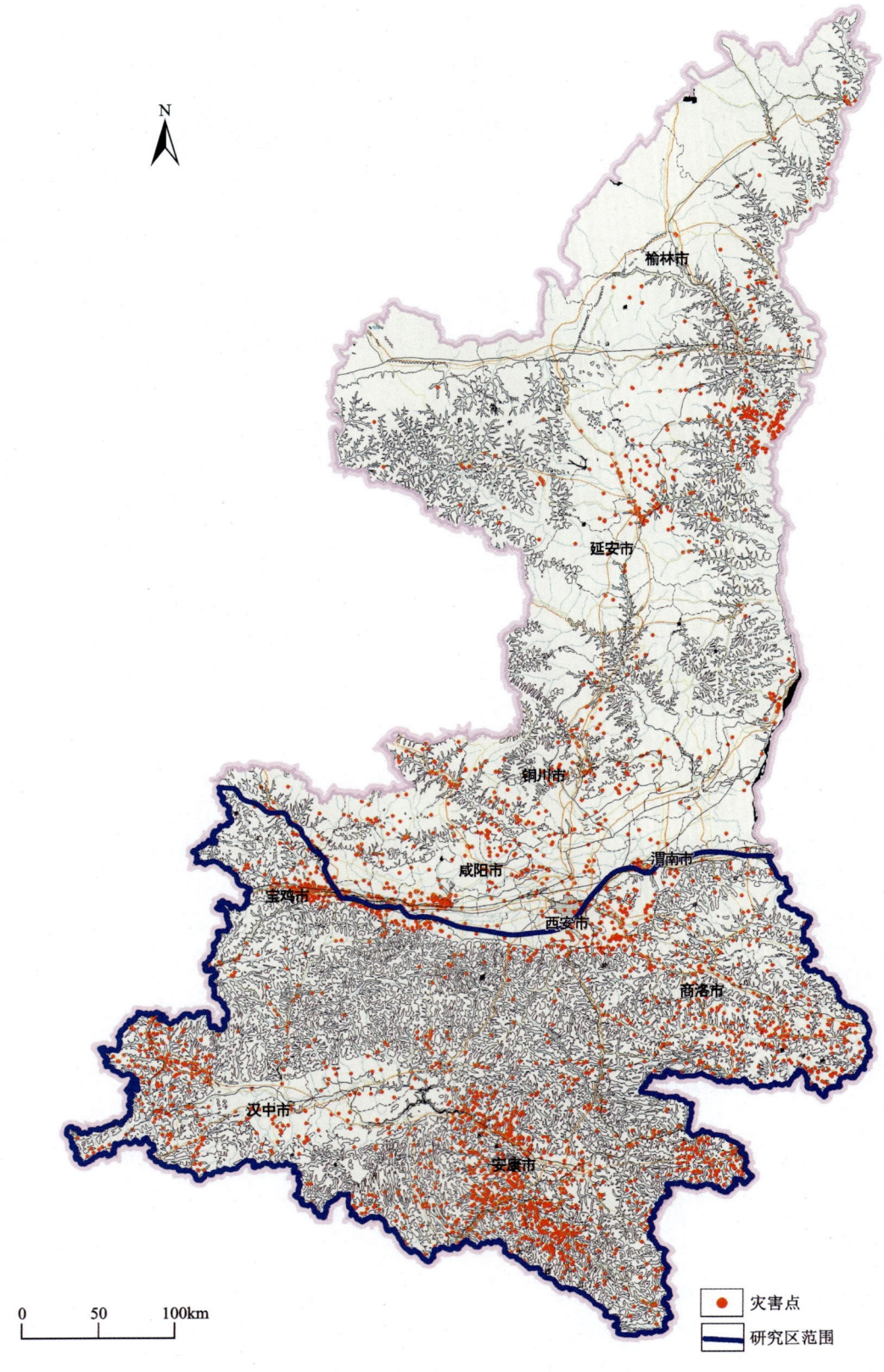

图 2-1 陕西省地质灾害点分布略图

图 2-2 陕西省地质灾害隐患点分布略图

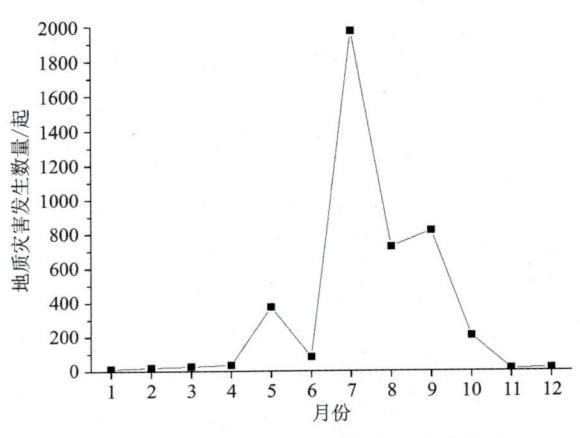
图 2-3 秦巴山区地质灾害发生年内分布

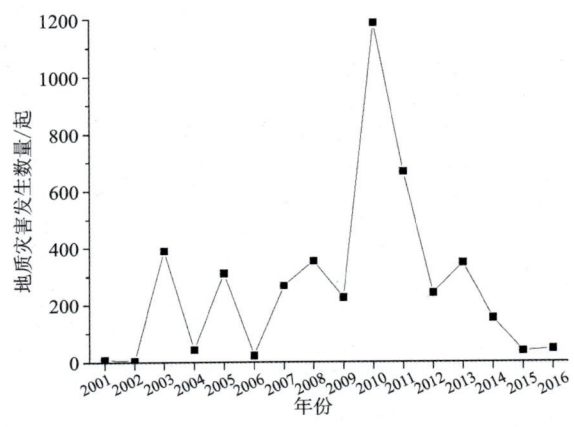
图 2-4 秦巴山区地质灾害发生年际分布

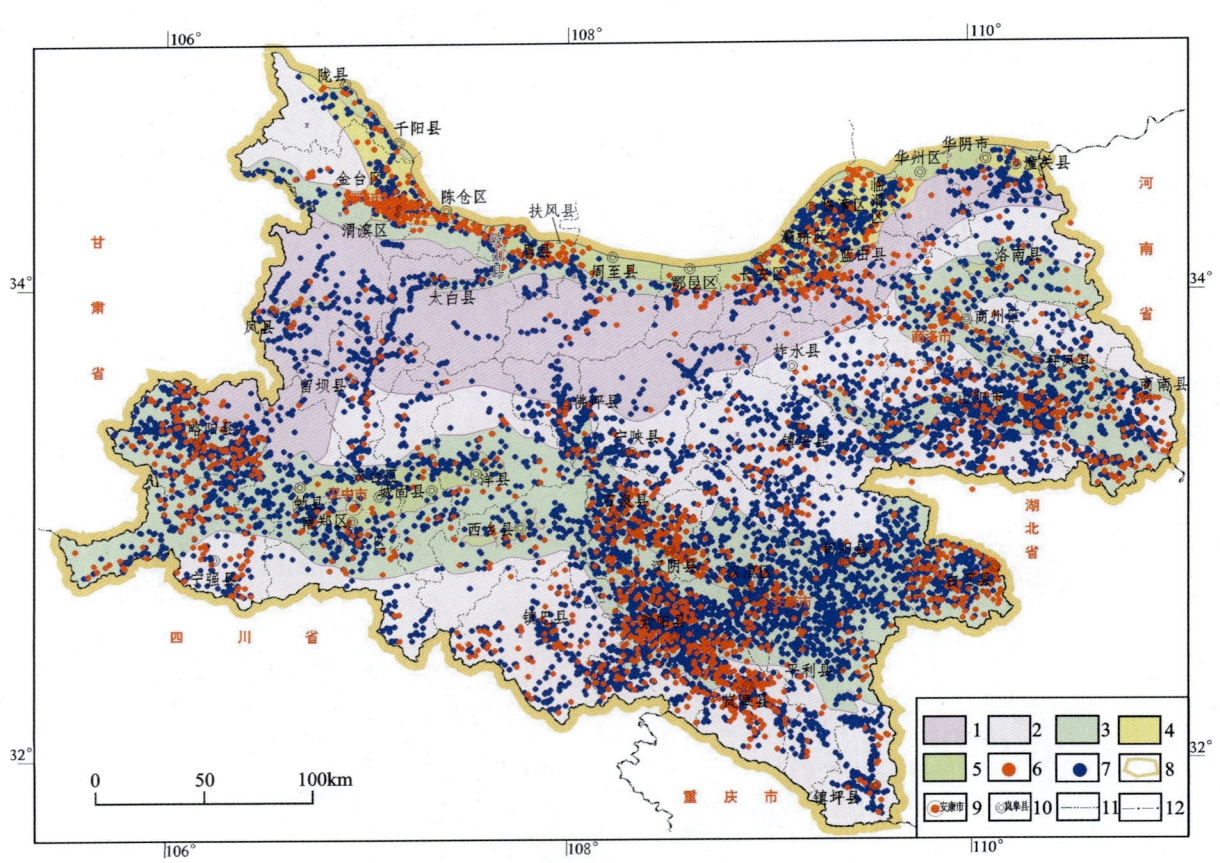

图 2-5 研究区地貌与地质灾害及隐患分布关系图

1. 高山和高中山；2. 中山；3. 低山丘陵；4. 黄土台塬；5. 山间盆地；6. 灾害点；7. 隐患点；8. 研究区范围；9. 市政府所在地；10. 县级政府所在地；11. 省界；12. 县界

表 2-1 研究区不同地貌单元地质灾害分布表

单位：起

地貌类型分区	地质灾害点						地质灾害隐患点						合计
	崩塌	滑坡	泥石流	地面塌陷	地裂缝	小计	崩塌	滑坡	泥石流	地面塌陷	地裂缝	小计	
高山和高中山区	142	112	21	9	3	287	123	573	171	2	7	876	1163
中山区	138	576	192	43	26	975	134	1818	165	12	0	2129	3104
低山丘陵区	324	1560	286	24	17	2211	195	3953	130	24	13	4315	6526
黄土台塬区	150	126	9	52	12	349	167	244	10	6	3	430	779
山间盆地区	196	180	12	71	12	471	68	352	10	5	2	437	908
合计	950	2554	520	199	70	4293	687	6940	486	49	25	8187	12 480

二、地质灾害地域分布规律

秦巴山区地质灾害在各个县（市、区）内分布不均，总体上表现为东西多中间少、北弱南强的特点（图 2-6）。其中，紫阳县、汉滨区、山阳县、旬阳市、略阳县、石泉县、镇安县、丹凤县、平利县、白河县、岚皋县、宁陕县、宁强县 13 个县（市、区）地质灾害分布较多。

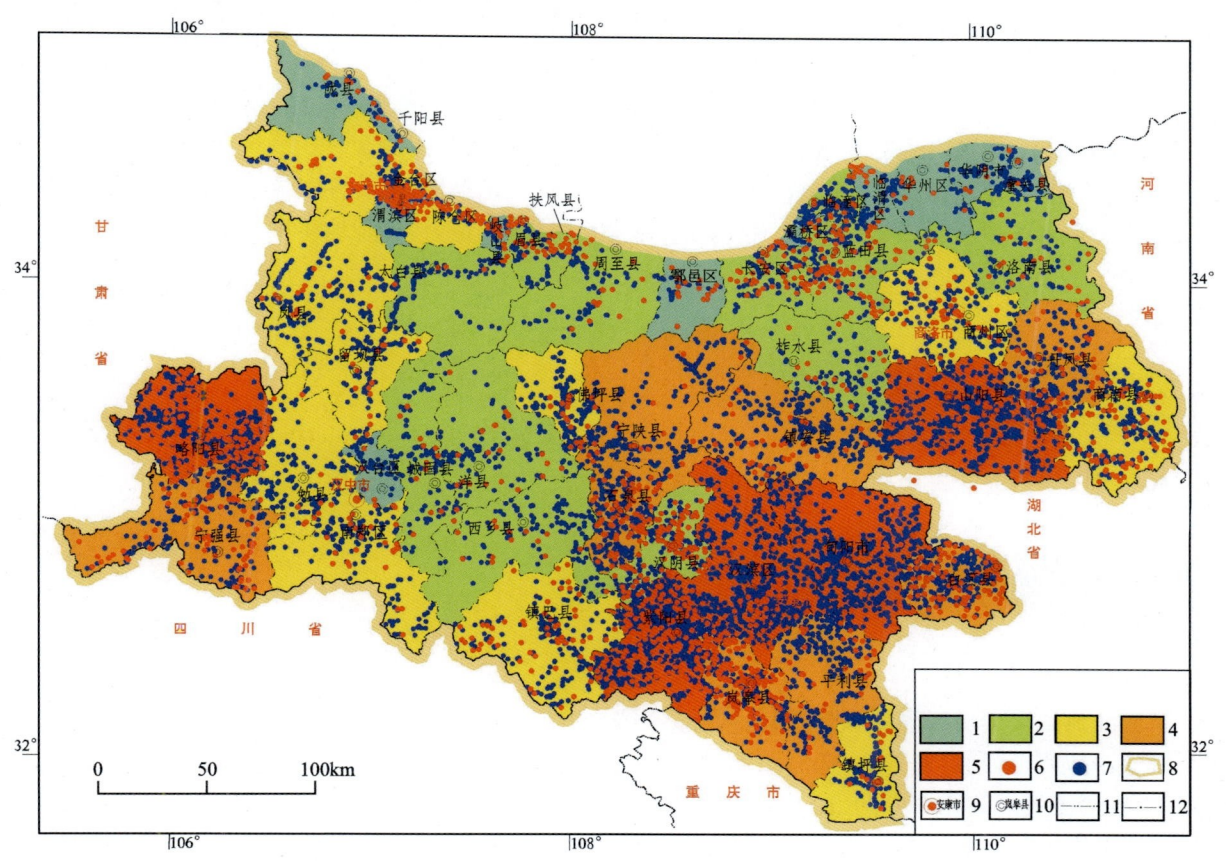

图 2-6 研究区各县（市、区）地貌与地质灾害及隐患分布关系图

1.点数＜60 处；2.点数 60～130 处；3.点数 130～200 处；4.点数 200～300 处；5.点数＞300 处；6.灾害点；7.隐患点；8.研究区范围；9.市政府所在地；10.县级政府所在地；11.省界；12.县界

第三节 地质灾害发育规律

秦巴山区地质灾害发育规律具有以下5个特点。

（1）多样性：研究区内地质条件和地形地貌条件复杂，地质灾害类型多样，其中最多的是崩塌、滑坡、泥石流。另外，即使同一地质灾害类型，其外表形态、内部结构、运动方式、物质组成、规模等级都不尽相同。

（2）突发性：研究区内斜坡陡峻，沟谷深切，水系、冲沟发育，多数岩体破碎，风化强烈、强度低，降水集中且强度大。因此，区内地质灾害具有突发性强、致灾率高的特点。其一，地质灾害发生时间短促，临灾变形速度快，从变形加剧到产生灾害的时间很短，裂缝迅速扩展至贯通破坏。其二，暴雨是引发地质灾害的主要因素，而在地形地貌复杂地区，局部气候变化大，暴雨发生时间和强度多难以预测、预报，由暴雨引发的地质灾害大多也难以准确预测。地质灾害的突发性不仅加重了灾情，而且更难进行准确预报和有效防治，也是灾害防治需要攻克的一个难关。

（3）集中性：研究区内地质灾害集中性一方面体现在空间上，如人口密集区、人类工程活动强烈区，地质灾害多呈线状分布，主要分布在宽阔的沟口与公路沿线等；另一方面还体现在时间上，地质灾害集中发生在降水强度较大的年份和每年的雨季。

（4）链生性：主要体现在同一地质灾害可以引发或伴生其他地质灾害，常常表现在时间、空间和成因上相关联。有的灾害在发生滑坡的同时伴随崩塌或在崩塌的同时伴随滑动，即出现所谓的滑塌或崩滑现象；在暴雨时，崩塌、滑坡产生的松散堆积物同时也是泥石流的物质来源；有的地方发生泥石流时，泥石流对沟岸斜坡的撞击和冲蚀、削坡作用会引发沟岸两侧斜坡的滑坡、崩塌；有的由于开矿引发地面塌陷，进而引发崩塌、滑坡等地质灾害。

（5）周期性：表现在两方面，一是在暴雨、连阴雨较多的年份集中，地质灾害发生频次明显增加；二是在同一年中降水分布不均，研究区内每年5—10月降水集中、雨量大，也是地质灾害多发期。

第四节 地质灾害发育特征

本书以汉中市汉台区地质灾害详细调查成果为例，说明秦巴山区地质灾害发育特征。

一、地质环境基本特点

1. 自然地理

汉台区地处陕南山区中部，北高南低，北部为秦岭山地，南部为江汉平原。境内最高点为河东店镇花果村（秦岭）溜石板梁，海拔2037m，最低点铺镇小寨村为492m，相对高差1545m。地貌可划分为南部平原区、中部丘陵区和北部中低山区。汉台区属北亚热带湿润季风气候区，气候温和，雨量充沛，四季分明。受地形影响具明显差异，丘陵区气温高于山区气温，年均气温14.8℃。汉台区由西向东、由南向北降水量逐渐增多，年均降水量788.56mm。降水集中于6—9月，占全年降水量的62%，暴雨集中于7—9月，也是地质灾害的高发期。区内河流属长江水系汉江流域，境内最大河流为汉江及褒河。

2. 地层岩性与岩土体

区内出露震旦系、寒武系、石炭系及第四系。岩性以绢云绿泥石片岩、千枚岩夹灰岩,黑云母石英片岩、二云石英片岩夹大理岩及黏土、砂质黏土为主。基岩集中分布在北部中低山地区,黏土主要分布在平原区、丘陵区及山区斜坡地带,二级阶地后缘和三级阶地区膨胀土极为发育。根据岩石强度、结构类型、建造类型,汉台区岩土体可划分为坚硬块状花岗岩类、较坚硬中厚层状碳酸盐岩类、较坚硬—较软黑云母石英片岩类、较软中浅变质岩类、含砾黏土类、黏土及粉质黏土类。

3. 地质构造与新构造运动

该区位于扬子板块与秦岭板块结合带,主体位于秦岭板块之上,属康县-略阳-勉县华力西褶皱带,褶皱、断裂及次级节理裂隙构造发育。区内褶皱构造总体为轴向北东东向的复式紧闭褶皱,表现为地层倾角大、褶皱紧闭、轴面劈理发育。区内断层构造较为发育,主要为次级顺层走向断层,规模较大的有老杖沟断层及河东店-塔南坡断层。受褶皱、断裂影响,区内岩石节理裂隙较发育,沿节理裂隙易发生崩塌灾害。

新构造运动常常是古老断裂活动的复活,具明显的继承性,在区内表现为南部深大断裂断陷,北部山区抬升,从南向北第四系由厚变薄。第四纪构造升降活动为滑坡等多种地质灾害的发生提供了地形、地貌条件及物质来源。

4. 地震

本区地震具持续活动特点,根据《中国地震动参数区划图》(GB 18306—2015),汉台区地震动峰值加速度为 0.10g,地震动反应谱特征周期为 0.40s,地震设防烈度为Ⅶ度区。

5. 人类工程活动

与地质灾害有关的人类工程活动主要有道路建设、削坡建房、矿产开发等。

二、地质灾害类型

据详细调查,汉台区有地质灾害隐患 89 处。其中,滑坡 59 处,崩塌 24 处和泥石流 6 处,分别占灾害点总数的 66.29%、26.97% 和 6.74%。

滑坡为区内最发育的地质灾害类型,具有分布广、数量大、活动性强的特点。根据 59 处滑坡灾害点类型统计特征,汉台区滑坡以残坡积层和黏土滑坡为主,滑体厚度大部分小于 10m 的浅层滑坡,稳定性以较差为主,险情等级以小型为主,运动形式主要为推移式,引发因素以自然因素为主(表 2-2)。

区内崩塌灾害较为发育,崩塌类型主要为岩质崩塌,共 24 处,主要集中分布于河东店镇—万年桥的新老国道 G316 沿线。由于修路开挖、爆破形成高陡边坡,岩体的完整性受到破坏,加之表层风化、破碎,裂隙节理发育,雨水或地表水体的入渗,最终导致不稳定岩体形成,在降水或自重等外营力作用下发生崩塌(表 2-3)。

从其规模来看,多为中型崩塌;从稳定性看,稳定性差的有 11 处,稳定较差的有 13 处;从引发因素来看,其成因均与人类工程活动有密切关系;从破坏方式来看,均为倾倒式。

区内有泥石流 6 处,根据流域形态、物质组成、固体物质提供方式、堆积物体积等方面进行类型分析,见表 2-4。

表 2-2　汉台区滑坡分类统计表

分类依据	发育类型	数量/处	占比/%
物质组成	残坡积层滑坡	27	45.76
	膨胀土（黏土）滑坡	20	33.90
	黏土滑坡	12	20.34
滑体厚度	浅层滑坡（<10m）	50	84.75
	中层滑坡（10～25m）	9	15.25
滑体规模	小型（<10×10⁴m³）	45	76.27
	中型（10×10⁴～100×10⁴m³）	14	23.73
稳定性	差	6	10.17
	较差	49	83.05
	好	4	6.78
运动形式	牵引式	16	27.12
	推移式	43	72.88
引发因素	自然因素	42	71.19
	人类工程活动	17	28.81
发生年代	新滑坡	59	100.00

表 2-3　汉台区崩塌分类统计表

分类依据	发育类型	数量/处	占比/%
崩塌体物质组成	岩质崩塌	24	100.00
崩塌规模	小型（<1×10⁴m³）	8	33.30
	中型（1×10⁴～10×10⁴m³）	16	66.70
稳定性	差	11	45.83
	较差	13	54.17
破坏方式	倾倒式崩塌	24	100.00
引发因素	人为	24	100.00

表 2-4　汉台区泥石流分类统计表

分类指标	分类	特征	数量/处	占比/%
流域形态	沟谷型泥石流	流域呈扇形或狭长形，沟谷地形，沟长坡陡	6	100.00
物质组成	泥石流	由土、砂、石混杂组成，颗粒差异较大	6	100.00
固体物质提供方式	崩滑型	固体物质来源为滑坡堆积物、崩塌堆积物及其他松散堆积体	6	100.00
堆积物体积（V）	小型	$20\times10^4 m^3 \leqslant V \leqslant 50\times10^4 m^3$	4	66.66
	中型	$2\times10^4 m^3 \leqslant V < 20\times10^4 m^3$	1	16.67
	大型	$V < 2\times10^4 m^3$	1	16.67

三、地质灾害发育特征

（一）滑坡

1. 形态特征

滑坡的形态特征与滑体分布范围、地形相关。残坡积层滑坡形态一般多呈方形、簸箕形或长条形，而黏土滑坡或膨胀土滑坡形态多不规则。

根据其纵轴 A（主滑方向）和横轴 B（垂直主滑方向）的长度比将汉台区的 59 个滑坡的平面形态分为 3 类，$A/B \geq 1.5$，滑体近舌状或顺滑向呈长形有 3 处，占滑坡总数的 5.09%；$0.8 \leq A/B < 1.5$，滑体近方形有 23 处，占滑坡总数的 38.98%；$A/B < 0.8$，滑体呈簸箕形有 33 处，占滑坡总数的 55.93%。

2. 规模及坡度特征

滑坡体长度跨度范围较大，但主要集中在 50~100m 之间，有 24 处，占滑坡总数的 40.68%，见图 2-7。

滑坡体宽度跨度范围亦较大，主要集中在 50~100m 之间，有 21 处，占滑坡总数的 35.59%，见图 2-8。

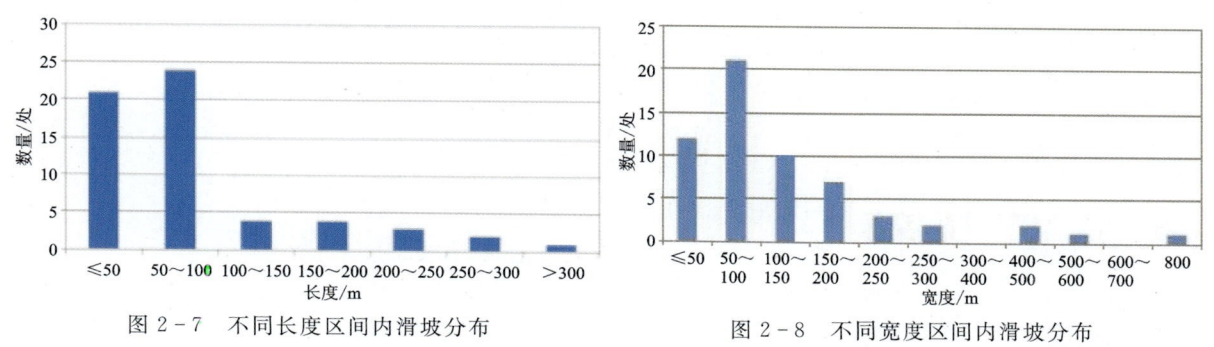

图 2-7　不同长度区间内滑坡分布　　　　图 2-8　不同宽度区间内滑坡分布

滑坡厚度分布范围为 1~15m，主要集中在 10m 以下，有 44 处，占滑坡总数的 74.58%（图 2-9），这说明汉台区滑坡大部为浅层滑坡。

滑坡坡度在 30°~50°之间，有 36 处，占滑坡总数 61.02%，这也说明坡度在 30°~50°的斜坡体为滑坡高易发区，见图 2-10。

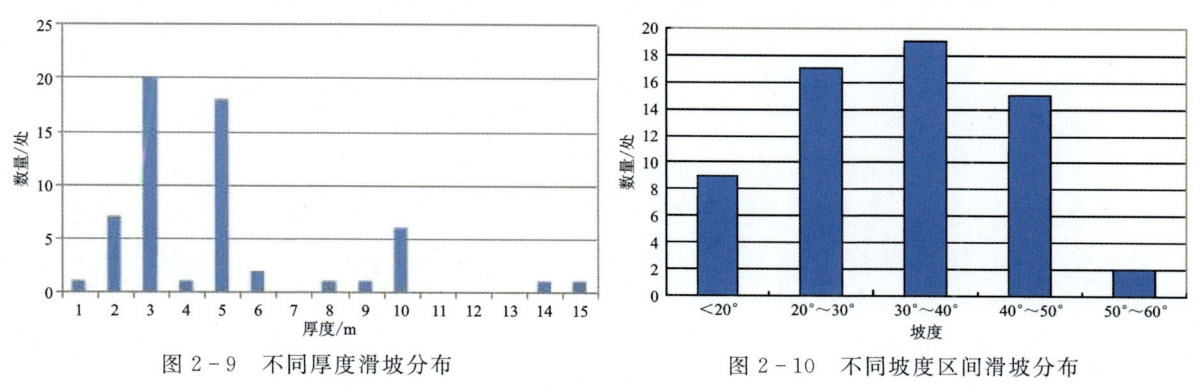

图 2-9　不同厚度滑坡分布　　　　图 2-10　不同坡度区间滑坡分布

3. 滑体、滑动面及滑带特征

滑体：汉台区滑坡主要为潜在滑坡，受原始斜坡地层结构控制，层理与原岩土体基本相同，土层结构大部分尚未被扰动。

滑动面:埋藏于滑体之下,主要为土体内部薄弱面以及裂隙面,属于黏土层内错动的面。滑动面按形态可分为弧形、直线形。残坡积层滑坡滑动面多为直线形,见图2-11;黏土滑坡滑动面多呈弧形,见图2-12。

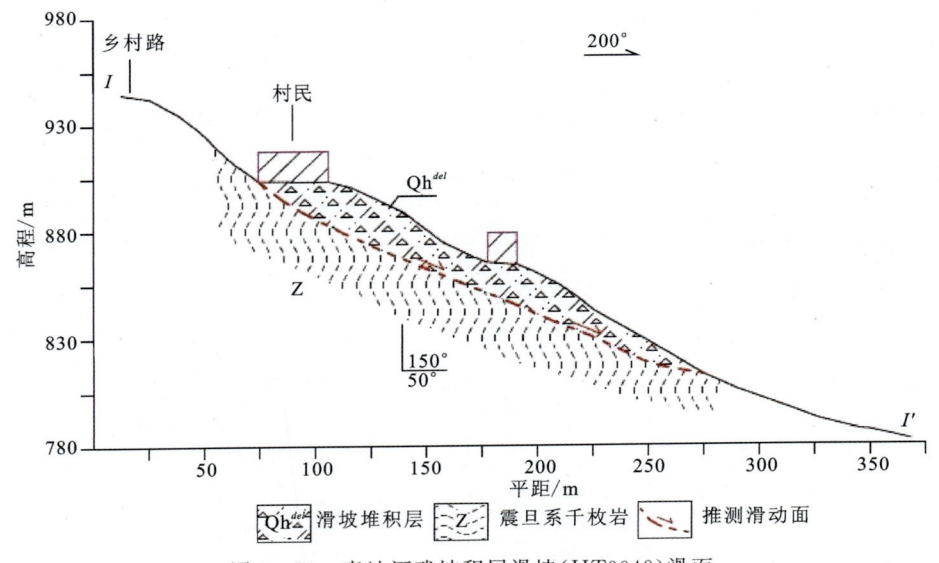

图2-11 青沙河残坡积层滑坡(HT0049)滑面

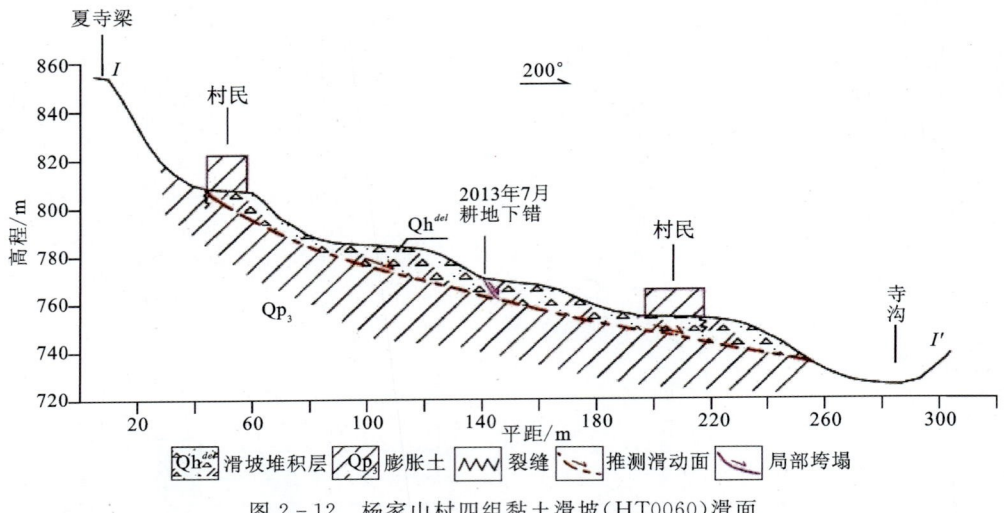

图2-12 杨家山村四组黏土滑坡(HT0060)滑面

滑带:是坡体下滑过程中滑动面与滑床之间的错动带。滑带上下经常是二元结构的分界面,是透水性好和相对隔水的分界,本区的黏土滑坡滑带一般为粉质黏土,可见擦痕、镜面等,土体呈可塑—软塑状,厚度小于0.5m。对于膨胀土滑坡,其滑带土的矿物成分主要为蒙脱石、高岭土等,颜色为灰白色—灰绿色,土体呈硬—可塑及软塑状,富含钙质结核,裂隙发育,灰白色黏土质薄膜附着在裂隙表面。该层见水易膨胀软化、泥化,形成软弱结构面,在自重或其他因素影响下,易形成滑坡。例如红星村三、四组滑坡勘察时,在TC3探槽中见到的滑带土就属于此类型。

(二)崩塌

汉台区崩塌多发生在国道G316沿线、通村公路边基岩裸露的高陡斜坡之上,运动方式为倾倒式崩塌。主要由于修路开挖削坡,加之岩体松动,在卸荷作用下形成卸荷裂隙,切割岩体形成危岩体,最终产生崩塌。另外,还有一部分崩塌体发育在风化剥蚀严重、岩体切割强烈、构造发育地区斜坡上部,一般坡度大于45°,局部形成陡崖和鹰嘴形,见图2-13。

由于区域地质构造复杂,岩土体支离破碎,地形陡峻,斜坡或陡崖边上的岩土体在长期自重剪切力的作用下发育大量垂直重力裂隙,随时间推移,在水、地震等的作用下,裂隙面逐渐扩大贯通,最终被裂隙面分割的表层岩体发生错断而形成崩塌。

崩塌大多发生突然,人们难以及时预见,具有很强的突发性,规律性不太显著,灾前特征不明显,高崖陡坡处皆可发生,难以处处设防。由于崩塌均为岩质,岩体脱离母岩后多为滚落式下塌,动能和势能均较大,单个的岩体也能造成建(构)筑物的直接损坏。

崩塌大多发育在国道G316旁,因修路开挖坡脚形成高陡边坡,边坡上基岩裸露,节理、裂隙发育。根据对该段节理裂隙的统计,发现节理的倾向大部分集中于180°~270°之间(图2-

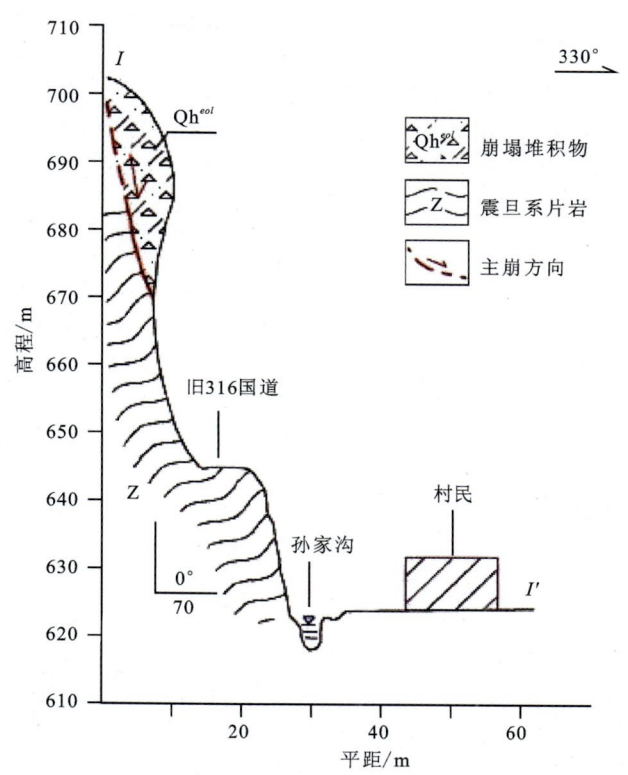

图2-13 光明村四组孙家沟左岸崩塌(HT0084)

14),这与该段的坡体倾向基本一致,在外界作用下易发生顺层向的崩塌灾害,威胁过往车辆及行人。由于区内多为山区,地形和岩土体复杂,岩块和孤石堵塞道路的情况时有发生,防治难度较大,直接危及群众的安全,因此应将人为切坡引发的崩塌作为防治重点之一。

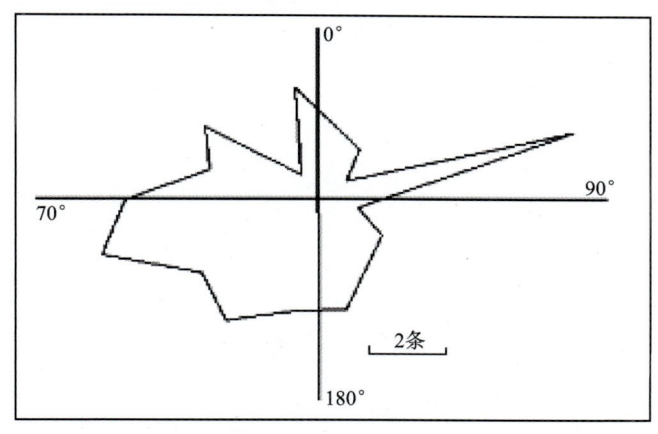

图2-14 节理玫瑰图

(三)泥石流

区内发育6处泥石流地质灾害隐患,均为沟谷型泥石流。物质来源主要为滑坡堆积物、崩塌堆积物及其他松散堆积物。泥石流形成区、流通区、堆积区三区明显,形成区位于上游沟脑,流通区位于沟道中游,冲洪积物沿沟道迂回前行,下游支沟与主沟交汇处为堆积区(图2-15)。

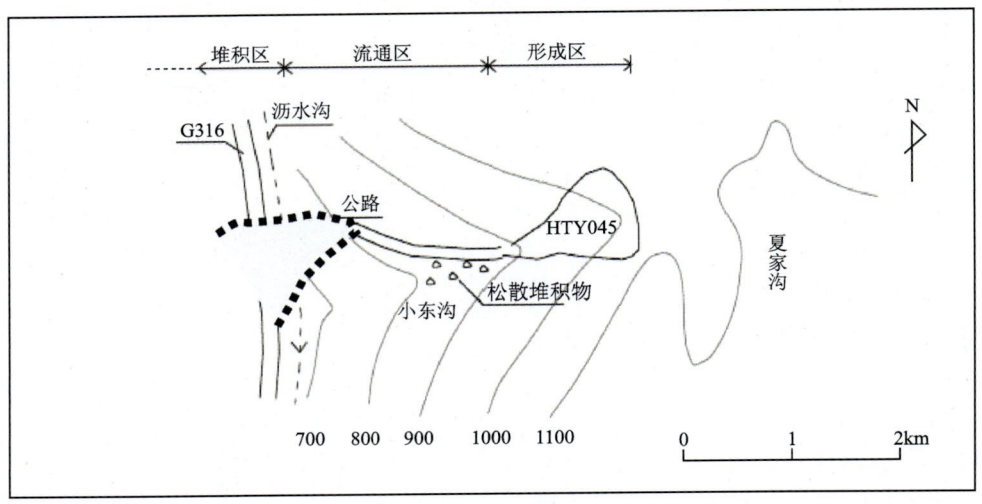

图 2-15　HT0078 泥石流平面示意图

第五节　小　结

1. 时间分布规律

在年内,研究区地质灾害 97.11% 发生在 5—10 月,其中 7 月份发生的地质灾害最多,占 45.94%,这与秦巴山区汛期降水充沛有直接关系。在年际,地质灾害发生数量呈波动上升下降且周而复始的变化趋势,2013 年前除 2009—2012 年发生数量最多且变幅数高达 1000 起左右外,其他年份变幅数量一般在 380 起左右平稳向前,而 2013 年后地质灾害发生数量呈下降态势,基本上逐年减少,这主要受降水年际变化的影响。区内地质灾害具有多样性、突发性、集中性、链生性、周期性的特点。

2. 空间分布规律

秦巴山区地质灾害隐患点在各个县(区)内分布不均,总体上表现为东西多、南北强、中间少的特征。其中,紫阳县、汉滨区、山阳县、旬阳市、略阳县、石泉县、镇安县、丹凤县、平利县、白河县、岚皋县、宁陕县、宁强县 13 个县(市、区)地质灾害分布最多。在各类地貌单元中,地质灾害分布不尽相同,低山丘陵区和中山区地质灾害发育,而最少的区域在黄土台塬区和盆地内。

3. 地质灾害发育特征

以汉台区为例,地质灾害类型有滑坡、崩塌和泥石流 3 种,以滑坡灾害最为发育,崩塌次之。滑坡以小型残坡积层滑坡为主,平面形态多样,主要为方形、簸箕形;崩塌以中型岩质崩塌为主,潜在危害大,引发因素主要为人类工程活动,变形模式多为倾倒式;泥石流主要为沟谷型泥石流。在地形分布上,汉台区地质灾害北部山区较发育,中部丘陵区次之,南部平原区无灾害点(地质灾害不发育)。汉台区地质灾害主要发生在雨季。

第三章 地质灾害引发因素及相关性研究

地质灾害的形成往往受多种因子的影响,主要包括地形地貌、岩土体特征、地质构造、气候、植被、水系、人类工程活动及地震等。在不同的区域,这些因子对地质灾害的影响程度不同,一般情况下,地形地貌、岩土体特征、地下水、地质构造是地质灾害发生的内在条件,而降水、人类工程活动及地震则是引发地质灾害的外在因素。

基于陕西省2016年底在册地质灾害隐患点资料,研究区地质灾害隐患共8187处,其中崩塌687处,滑坡6940处,泥石流486处,地面塌陷49处,地裂缝25处。

每一起地质灾害常常是各种引发因素耦合的结果,但相对而言,一定有一种因素是关键致灾因素。本章就地质灾害的各种引发因素及二者的相关性进行分析。

第一节 气象与地质灾害

秦巴山区地质灾害的发生与气象条件密切相关。秦巴山区地跨北亚热带和暖温带两个气候区,分界线在秦岭南坡800m等高线上下,地域上以略阳—镇安—商南一线为界。南部年均气温12~15℃,北部5~12℃。秦巴山区由南向北降水逐渐减少,多雨区和少雨区相间分布。由南进入秦巴山区的湿热气流受巴山秦岭阻截,导致年均降水量较高,为1000~1300mm,局部存在暴雨中心,如镇巴县。陕南秦巴山区全年降水主要集中在5—10月,夏季多暴雨,初秋多连阴雨,极易引发滑坡、泥石流等地质灾害。

地质灾害与年均降水量的关系见表3-1。一般来说,年均降水量与地质灾害应该呈正相关关系,地质灾害整体集中发育于年均降水量小于1000mm的区域,其中700~1000mm的区域地质灾害发育最多(表3-1,图3-1),占灾害总数的69.23%,并以滑坡为主,且灾害点密度整体上随降水量的增大呈减小趋势。这种反常现象主要归因于地形地貌与人类工程活动的影响。

年均降水量较小的地区以低山丘陵地貌类型为主,人口密度大,人类工程活动频繁,加之残坡积层较厚、流水侵蚀强烈,增加了地质灾害的发生频率;而年均降水量较大的地区以不适宜人类居住的高中山地貌类型为主,人口密度小,人类工程活动弱,地质灾害点发育较少。

分析2001—2016年地质灾害发生年内分布占比(图3-2)发现,2001年、2003年、2007年、2008年、2010年、2011年、2012年、2014年地质灾害集中发生在5—10月的某一个月,占比大于70%,甚至达90%~100%,分析发现这些年份主要是丰水年(图3-3),因为地质灾害主要由集中降水或暴雨引发;而2002年、2004年、2006年、2009年、2013年、2015年、2016年地质灾害年内分布较为分散,月发生地质灾害占比均小于40%,地质灾害引发因素除降水外,人类工程活动、地质构造、地震等占有较大的比重。

表3-1 研究区地质灾害隐患与年均降水量关系

年均降水量	崩塌	滑坡	泥石流	地面塌陷	地裂缝	灾点总数	灾点密度
	处						处/100km²
<700mm	217	468	41	7	6	739	34.1
700~800mm	140	1893	85	14	3	2135	100.2
800~900mm	138	1411	125	14	16	1704	38.0
900~1000mm	114	1579	134	2	0	1829	69.3
1000~1100mm	30	803	50	3	0	886	36.4
1100~1200mm	23	471	27	1	0	522	31.6
1200~1300mm	16	151	13	4	0	184	13.0
>1300mm	9	164	11	4	0	188	41.6
合计	687	6940	486	49	25	8187	

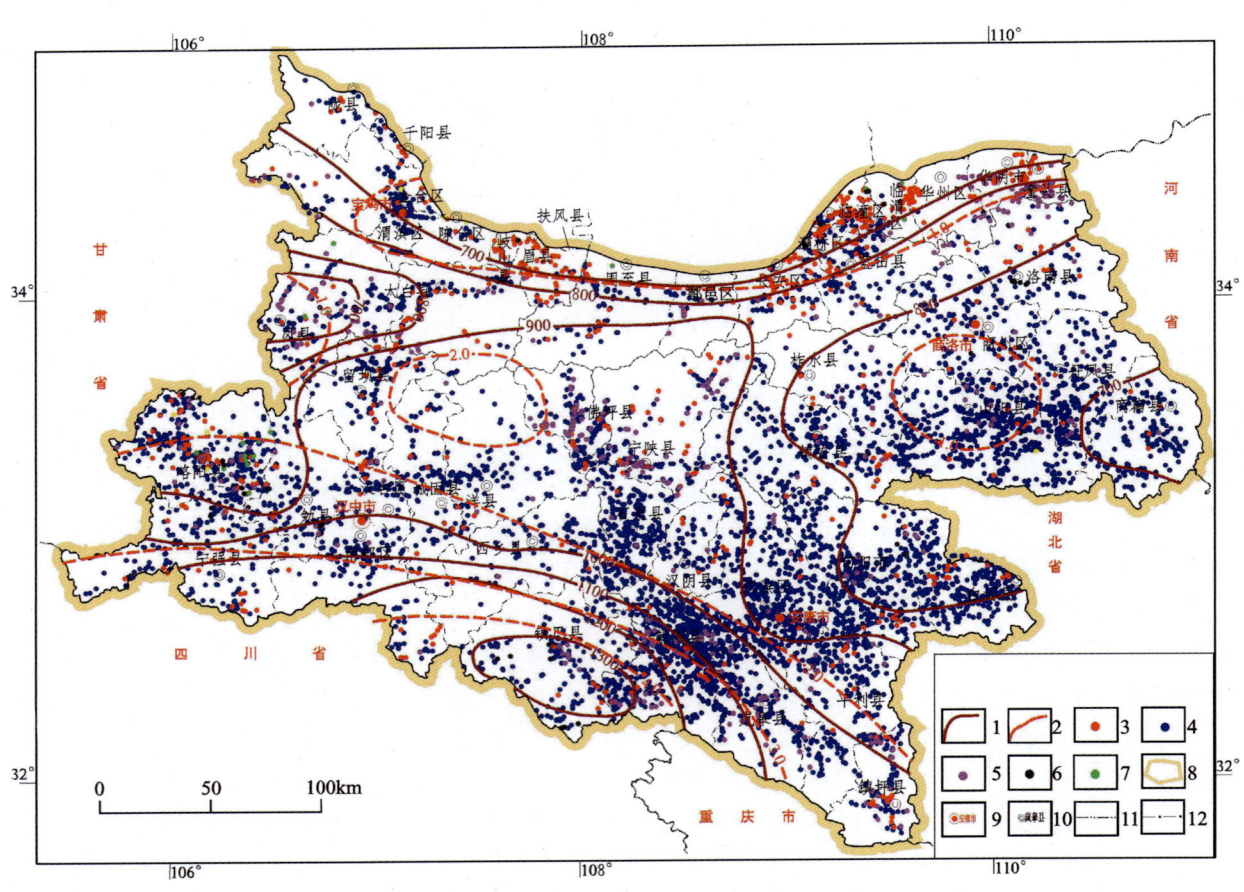

图3-1 研究区年均降水量与地质灾害隐患分布关系图
1.年降水量等值线(mm);2.年暴雨日数等值线(d);3.崩塌;4.滑坡;5.泥石流;6.地面塌陷;7.地裂缝;8.研究区范围;
9.市政府所在地;10.县级政府所在地;10.省界;12.县界

第三章 地质灾害引发因素及相关性研究

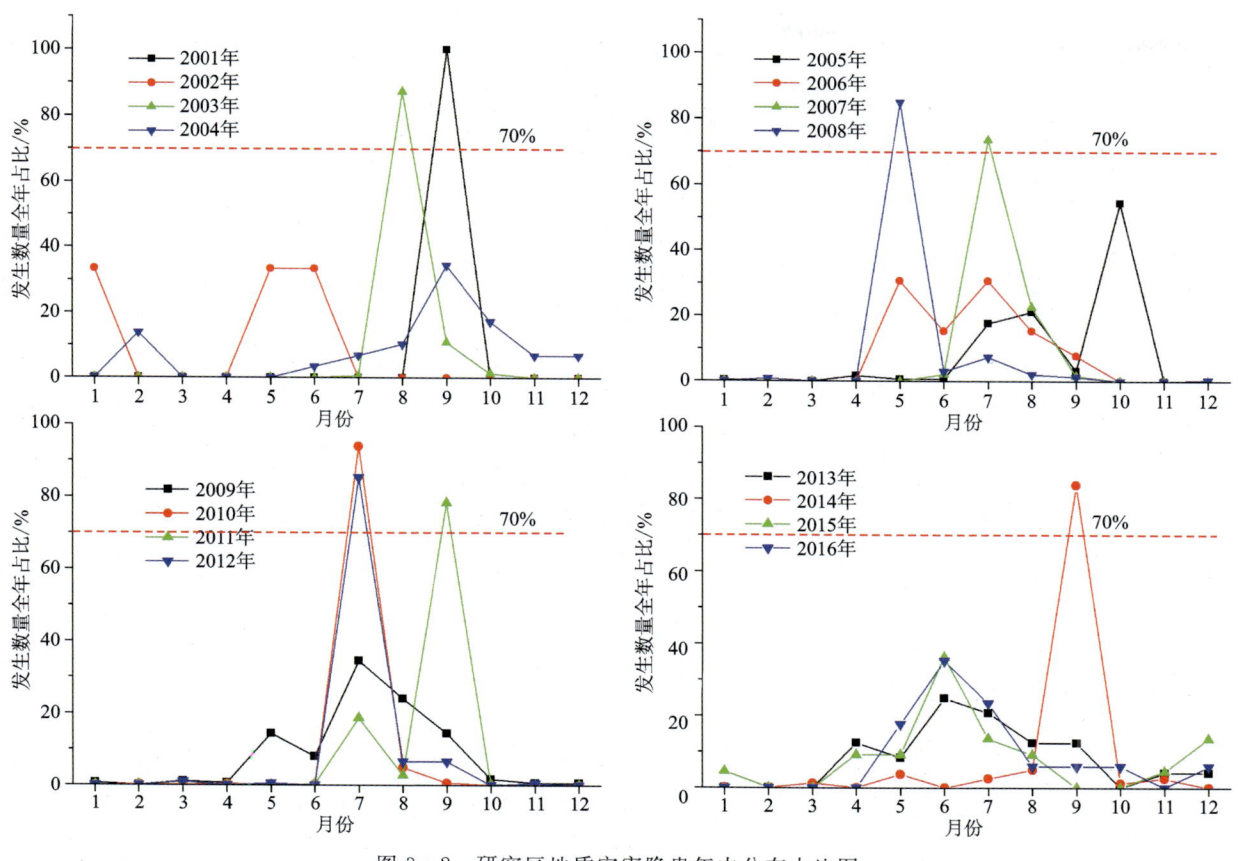

图 3-2 研究区地质灾害隐患年内分布占比图

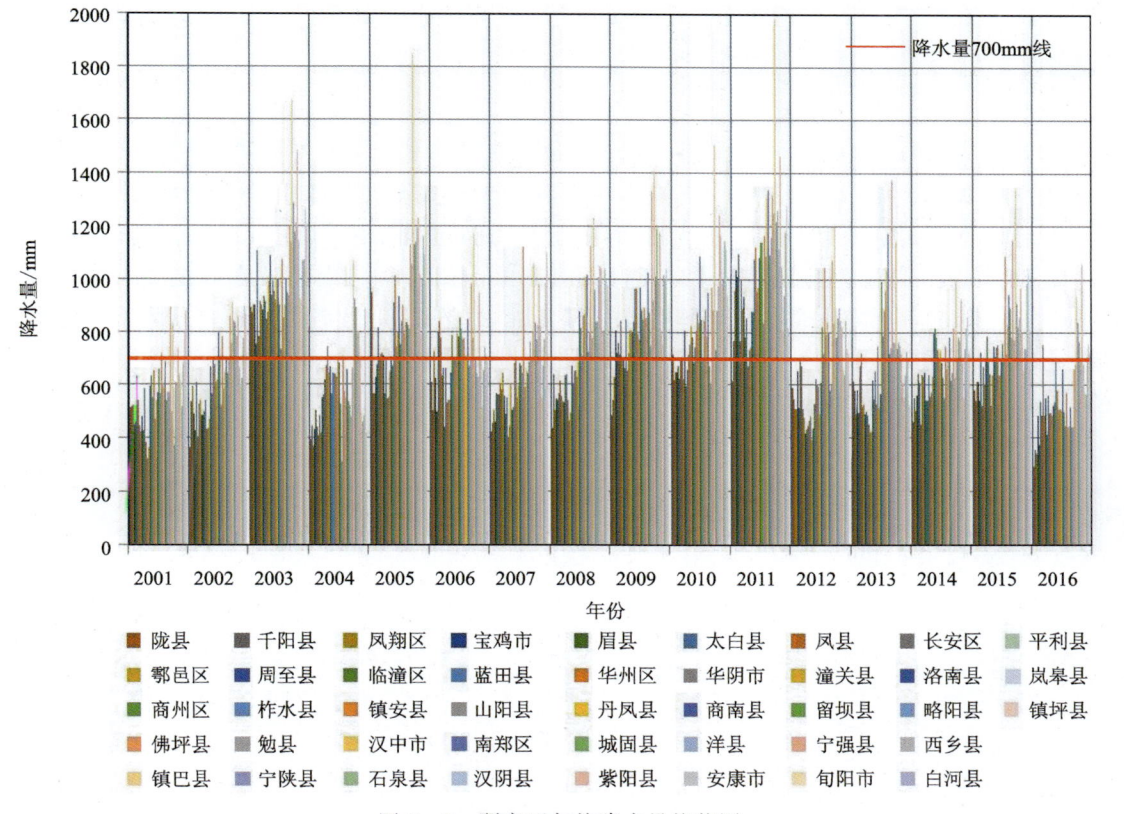

图 3-3 研究区年均降水量柱状图

第二节 地形地貌与地质灾害

一、地形坡度

秦巴山区地形起伏大,地势险恶,高山深谷错综复杂。地形坡度是滑坡、崩塌的发生的主要孕灾条件之一,对研究区滑坡与崩塌相依坡体的坡度进行统计分析,相关结果如图3-4所示。在秦巴山区,滑坡的坡度分布具有明显的集中趋势,其中72.38%的滑坡分布在20°～40°的斜坡体上;而崩塌的坡度分布特点有所不同,48.00%的崩塌位于40°～60°的斜坡体上,而小于20°的坡体基本上不会发生崩塌。

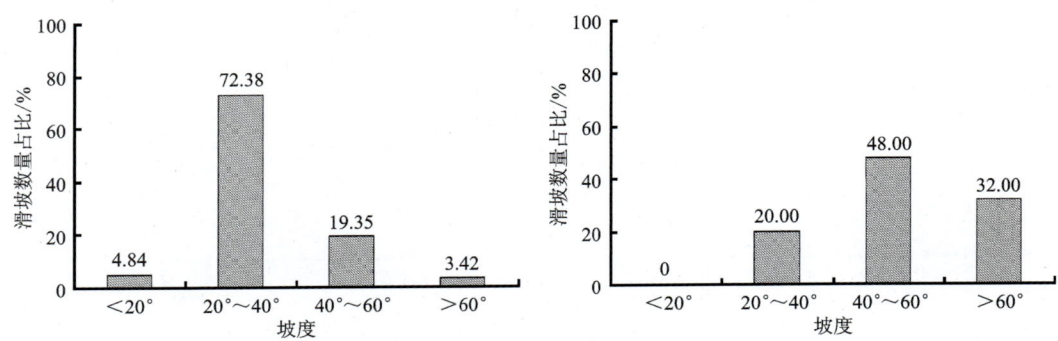

图3-4 研究区滑坡、崩塌所在斜坡体坡度及其数量关系统计图

二、地貌

地貌是地质灾害形成的重要内在因素,不同的地貌类型常常控制着不同类型地质灾害的发生。研究区主要由秦岭和巴山组成,为中生代末以来全面隆起的褶皱山地。北为秦岭,南为巴山,海拔多在1500～3000m之间,汉江贯穿于秦岭、巴山之间,由于长期差异升降运动,形成了高山和高中山、中山、低山丘陵、黄土台塬和山间盆地等地貌景观。地势西高东低,南北部高中部低。秦岭主峰太白山为全区最高峰,海拔3767m,白河县东北部的汉江滩为全区最低处,海拔172m。各类地貌单元地质灾害隐患的分布情况见表3-2和图3-5。地质灾害隐患较发育的区域是低山丘陵区和中山区,其次是高山和高中山区,最少的为黄土台塬和盆地区。

表3-2 研究区地质灾害隐患在各类地貌单元分布情况表　　　　单位:处

地貌类型区	崩塌	滑坡	泥石流	地面塌陷	地裂缝	合计
高山和高中山区	123	584	170	2	6	885
中山区	134	1823	165	13	0	2135
低山丘陵区	195	3914	129	23	13	4274
黄土台塬区	167	271	12	6	4	460
盆地区	68	348	10	5	2	433
合计	687	6940	486	49	25	8187

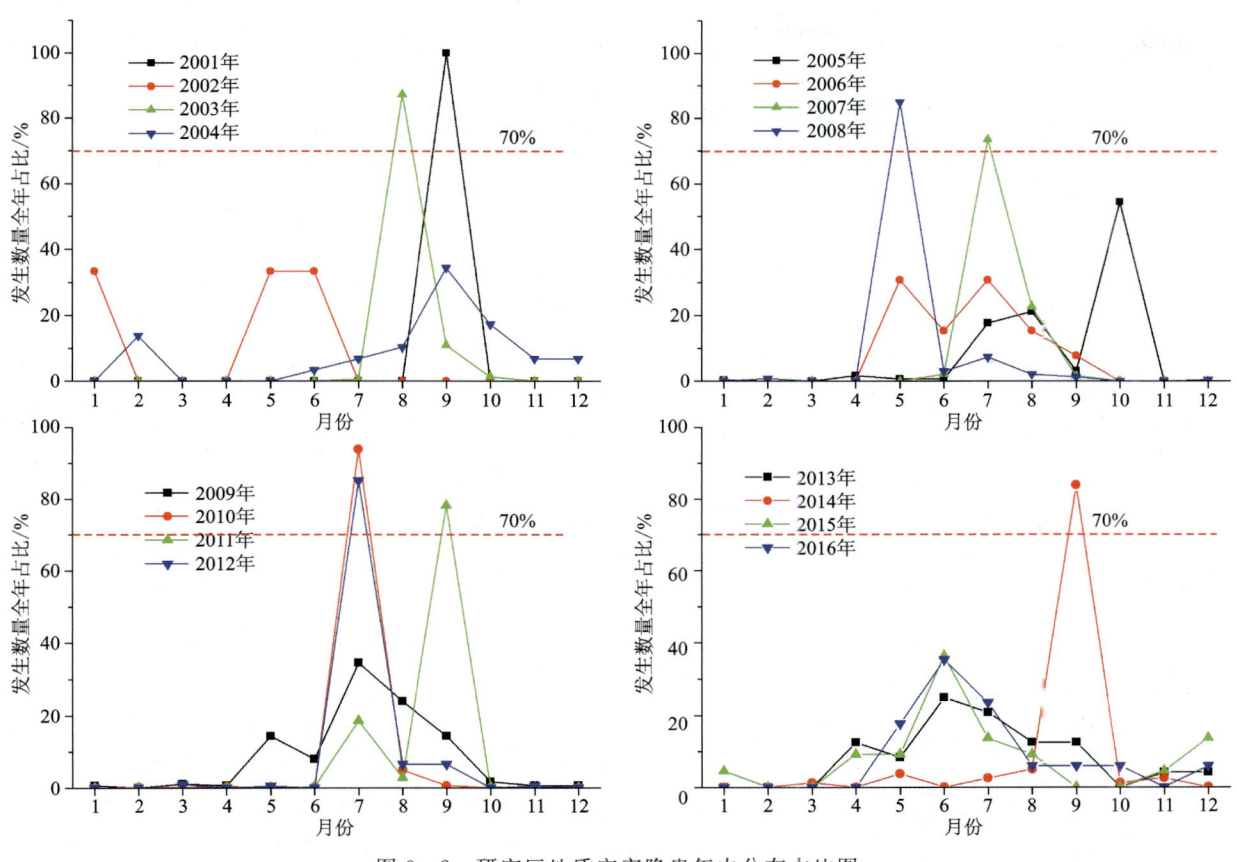

图 3-2　研究区地质灾害隐患年内分布占比图

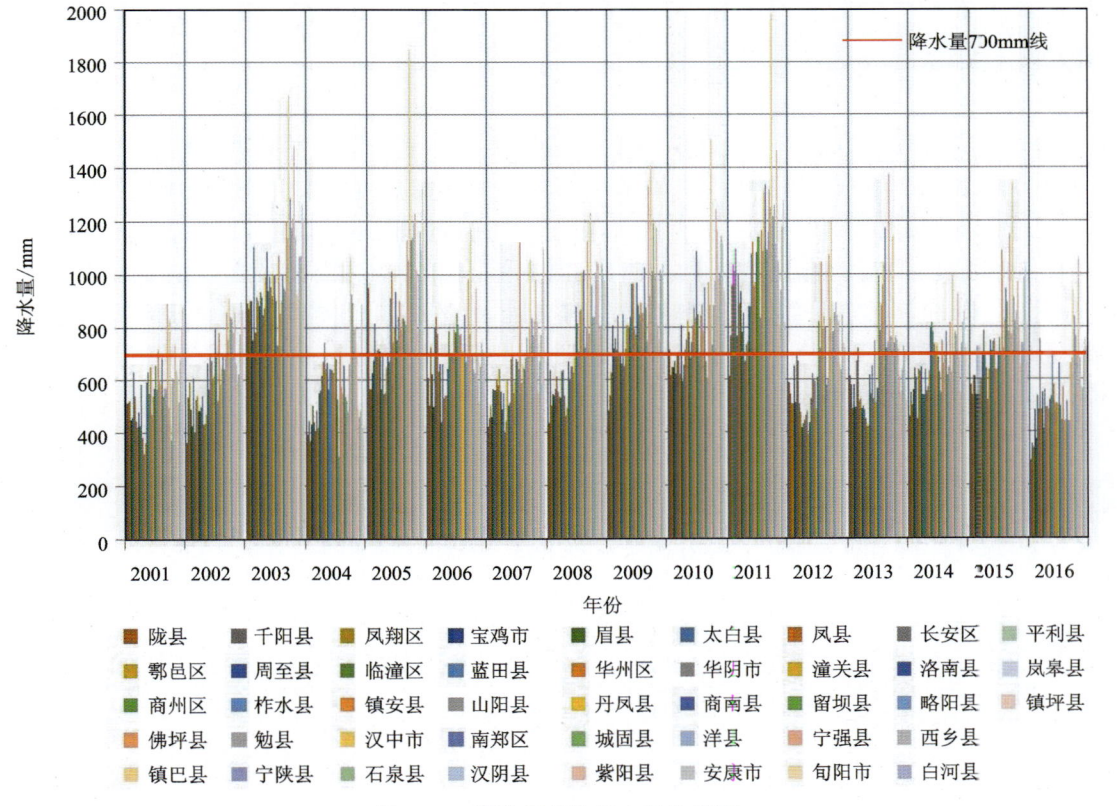

图 3-3　研究区年均降水量柱状图

第二节 地形地貌与地质灾害

一、地形坡度

秦巴山区地形起伏大,地势险恶,高山深谷错综复杂。地形坡度是滑坡、崩塌的发生的主要孕灾条件之一,对研究区滑坡与崩塌相依坡体的坡度进行统计分析,相关结果如图3-4所示。在秦巴山区,滑坡的坡度分布具有明显的集中趋势,其中72.38%的滑坡分布在20°~40°的斜坡体上;而崩塌的坡度分布特点有所不同,48.00%的崩塌位于40°~60°的斜坡体上,而小于20°的坡体基本上不会发生崩塌。

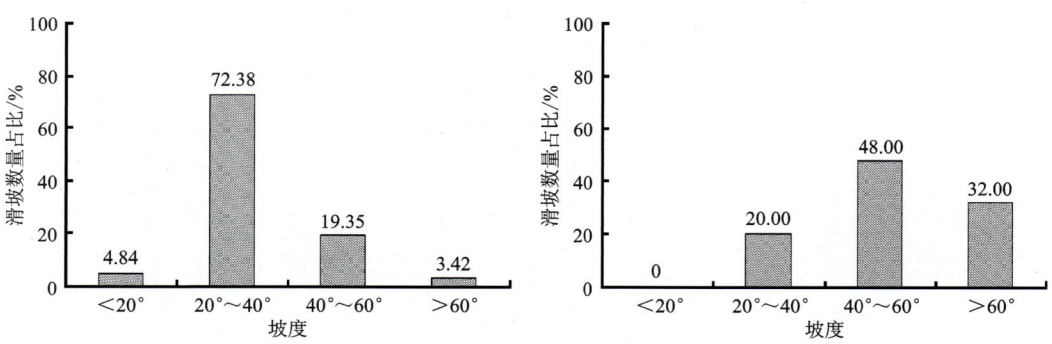

图3-4 研究区滑坡、崩塌所在斜坡体坡度及其数量关系统计图

二、地貌

地貌是地质灾害形成的重要内在因素,不同的地貌类型常常控制着不同类型地质灾害的发生。研究区主要由秦岭和巴山组成,为中生代末以来全面隆起的褶皱山地。北为秦岭,南为巴山,海拔多在1500~3000m之间,汉江贯穿于秦岭、巴山之间,由于长期差异升降运动,形成了高山和高中山、中山、低山丘陵、黄土台塬和山间盆地等地貌景观。地势西高东低,南北部高中部低。秦岭主峰太白山为全区最高峰,海拔3767m,白河县东北部的汉江滩为全区最低处,海拔172m。各类地貌单元地质灾害隐患的分布情况见表3-2和图3-5。地质灾害隐患较发育的区域是低山丘陵区和中山区,其次是高山和高中山区,最少的为黄土台塬和盆地区。

表3-2 研究区地质灾害隐患在各类地貌单元分布情况表　　　　　　　　　　　　单位:处

地貌类型区	崩塌	滑坡	泥石流	地面塌陷	地裂缝	合计
高山和高中山区	123	584	170	2	6	885
中山区	134	1823	165	13	0	2135
低山丘陵区	195	3914	129	23	13	4274
黄土台塬区	167	271	12	6	4	460
盆地区	68	348	10	5	2	433
合计	687	6940	486	49	25	8187

第三章 地质灾害引发因素及相关性研究

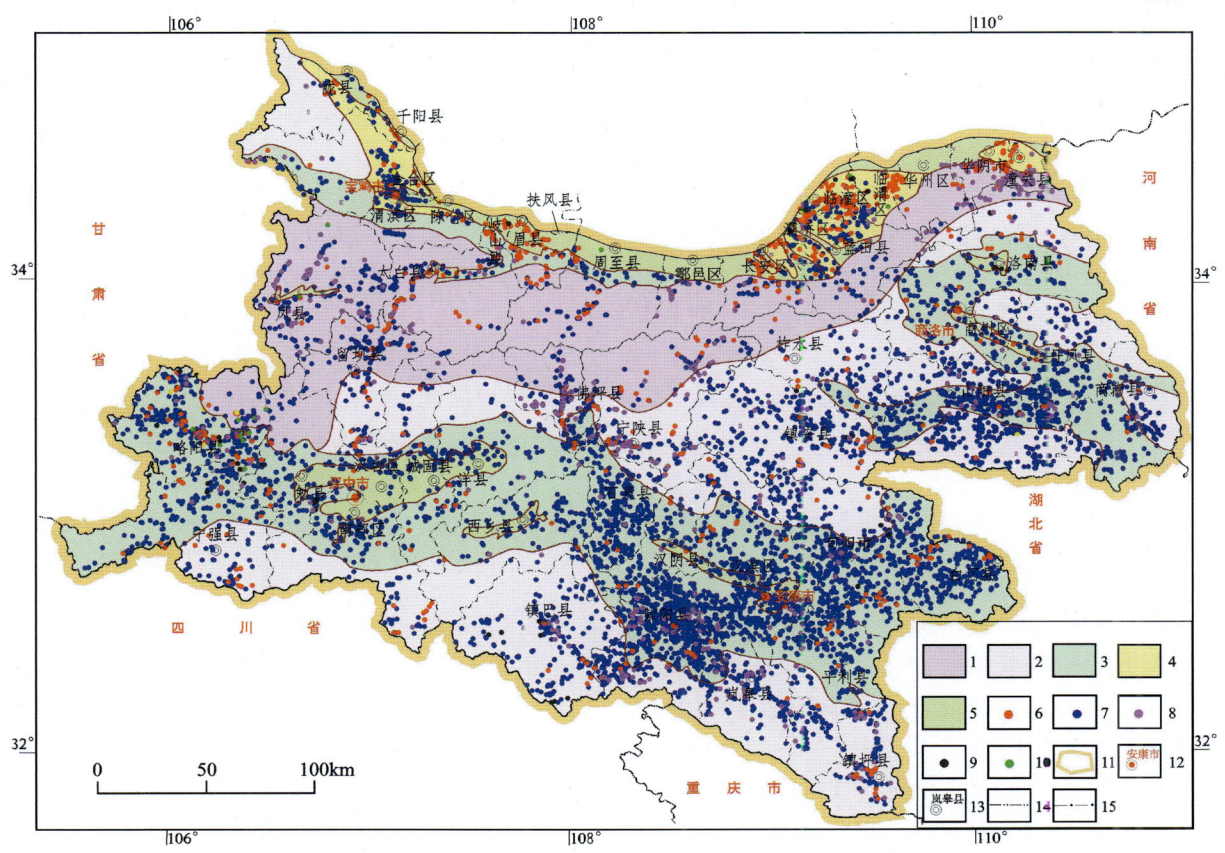

图3-5 研究区地质灾害隐患在各类地貌单元分布图

1.高山和高中山；2.中山；3.低山丘陵；4.黄土台塬；5.盆地；6.崩塌；7.滑坡；8.泥石流；9.地面塌陷；10.地裂缝；11.研究区范围；12.市政府所在地；13.县级政府所在地；14.省界；15.县界

1. 高山和高中山

高山和高中山地貌内发育地质灾害隐患885处，占总数的10.81%。该区是泥石流集中发育区，全区发育486处泥石流隐患，该区分布170处，数量最多，占泥石流总数的34.98%。

高山主要分布在秦岭主峰太白山—鳌山一带，海拔3000～3767m，高出渭河平原2800m左右，由燕山期花岗岩、花岗片麻岩等组成，分布有冰斗湖、冰川槽谷、冰碛等冰川遗迹。高中山主要分布在秦岭主脊玉皇山—终南山—华山、紫柏山—摩天岭—羊山及大巴山—化龙山一带，海拔2000～3000m。特点是山坡陡峻，山顶突兀、尖削，多齿状和刃状山脊，切割深度500～1200m，沟谷深邃。组成山体的岩石有片麻岩、花岗岩、变质砂岩、石灰岩和片岩等。

高山和高中山区山高坡陡，岩体相对坚硬，顺风化节理易发生滑坡、崩塌地质灾害，风化的块石及崩塌滑坡产生的堆积物又为泥石流提供了物源，导致泥石流在本地区尤为发育。

2. 中山

中山地貌区内发育地质灾害隐患2135处，占总数的20.08%。该区崩塌、滑坡、泥石流均匀分布，是崩滑流集中发育区，其中崩塌隐患总数134处，次于低山丘陵区和黄土台塬，占崩塌总数的19.51%；滑坡隐患总数1823处，仅次于低山丘陵区，占滑坡总数的26.27%；泥石流隐患总数165处，仅次于高山和高中山地貌单元，占泥石流总数的33.95%。

该区位于略阳、佛坪—宁陕、镇安—山阳—商州—丹凤、宁强—镇巴—紫阳—岚皋—平利—镇坪等地，海拔600～1800m。山脊一般狭长平缓，起伏较小，局部有陡峭孤峰，切割深度500～1000m。组成地层主要为古老变质岩系(片岩、板岩、千枚岩等)、花岗岩、石灰岩等。中山区片岩、板岩、千枚岩等易风化破碎，沟谷山坡残坡积较发育，流水侵蚀作用、季节冻融作用也较为普遍，滑坡较为发育。滑坡地质灾害主要分布于镇巴县、镇安县、镇坪县。

镇巴县和镇安县微地貌类型基本相同，坡体上陡下缓、上下陡中间缓的复合坡地貌居多，坡度在30°～50°之间，堆积层滑坡发育；另外为坡度在15°～25°之间的缓坡段，残坡积堆积物分布广泛，且多是地表水、地下水汇集地区，村民居住、耕植率高，常因修房、修路、开挖坡脚，破坏了坡体的天然安息角，为堆积层滑坡的发生创造了条件，因此镇巴县和镇安县滑坡较为发育。

镇坪县西南依大巴山主脊，向东北倾斜，形成西南高、东北低的地形。沿西南诸山山脊大部分海拔在2400m左右，沿东北诸山山脊海拔在1400～2500m之间。四周高山蜿蜒环接，俨然城廓，南江河纵贯南北，将县境切割为两部分，构成"二山夹一谷"的地貌。镇坪县大部分属中山区，切割深度在600～1000m，以谷地狭窄、坡陡、山峰尖峭为突出特点，山坡坡度多在30°～50°之间，峡谷众多，切割剧烈。滑坡较为发育，同时伴生崩塌隐患。崩塌、滑坡的发育，为泥石流的发生提供了丰富的物源。

3. 低山丘陵

低山丘陵区内发育地质灾害隐患点4274处，占总数的52.20%。该区是崩塌和滑坡集中发育区，研究区共有6940处滑坡，本区发育3914处，数量最多，占滑坡总数的56.40%；研究区共有687处崩塌，本区发育195处，数量最多，占崩塌总数的28.38%。低山丘陵区主要分布于汉中、安康、商(州)丹(凤)和西乡等盆地边缘，海拔170～1000m，绝大部分在800m以下。组成岩石是古生界片岩、千枚岩、板岩、花岗岩、砂岩及石灰岩。低山丘陵区山势低缓破碎，深切河曲发育，切割深度一般不超过400m，山坡较平缓。山坡、山脊上一般堆积有厚1～10m的残坡积层。土质较好，人类活动频繁。目前低山丘陵基本被开垦，自然植被遭到严重破坏，水土流失严重，流水的侵蚀和堆积作用较强。研究区地质灾害主要分布于紫阳县、汉滨区、略阳县等地。

紫阳县地处秦巴山区，地形地貌轮廓呈现"两山两谷一川"的特征。汉江、任河将全县分为大巴山区和凤凰山区，山脉走向呈北西-南东向，凤凰山东部有蒿坪川道。境内万山重叠，地势总体南高北低。剥蚀低山位于汉江、任河等河流两岸地区，海拔573.99～1000m，大部分在800m以下。山势低缓，切割深度一般400m左右。任河及主要支流两岸，坡度大多超过35°，在长历时阴雨或暴雨作用下，常在浅变质岩区发生滑坡、崩塌、泥石流等地质灾害，属灾害高发区和重灾区。

汉滨区最发育的堆积层滑坡多分布于低山丘陵区的斜坡地带，斜坡多为上下陡中部缓或上陡下缓的复合型斜坡，缓坡处多有村庄，附近有水田或旱地。此类滑坡面积大，变形历时长，滑动速率缓慢，已引起人们的注意，对人身安全威胁相对较大。而斜坡较陡，坡度变化不大，坡面平整，坡体上组成物质一般为碎石土或含碎屑黏性土，土质松散，主要为农耕地，且在坡脚有住户，坡脚建房、修路等活动切坡成陡坎，导致斜坡地带以小型滑坡、崩塌为主，规模不大，但滑动突然，危害严重。

略阳县剥蚀低山区主要位于县域的中部和南部大部分地区，虽重力崩塌和剥蚀侵蚀作用相对较弱，但由于人口集中，人类工程活动频繁，植被破坏严重，滑坡地质灾害极为发育，该县低山丘陵区地质灾害隐患点占全县隐患点的59.0%以上。

4. 黄土台塬

研究区内北部东、西两侧在宝鸡市金台区和渭南市潼关县等地区有黄土台塬分布，发育地质灾害隐患460处，占总数的5.62%。该区是崩塌集中发育区，仅次于低山丘陵区崩塌发育数量，全区发育的687处崩塌隐患点中该区分布167处，占崩塌总数的24.31%。

5. 盆地

研究区盆地由断陷作用与堆积作用形成,由宽阔的阶地、坝子以及丘陵、河谷等构成,主要有汉中盆地、西乡盆地、安康盆地、商丹盆地、洛南盆地等、太白盆地等。盆地内普遍分布有一到四级阶地。

该区地形平坦开阔,土壤肥沃,是秦巴山区工农业生产的主要地区。区内地质灾害不发育,分布地质灾害433处,占总数的5.29%。

第三节 地层、岩土体与地质灾害

地层的不同决定了岩土体结构与力学性质的不同,岩土体的稳定性决定了边坡的稳定性。因此,研究地质灾害必须分析岩土体及其构成。

一、地层

1. 地层岩性

太古宇至新生界绝大多数地层在陕南秦巴山区均有分布,仅上白垩统在该区缺失。地质灾害分布与其所在的区域地层岩性密切相关,地层岩性与地质灾害分布关系见图3-6和表3-3。

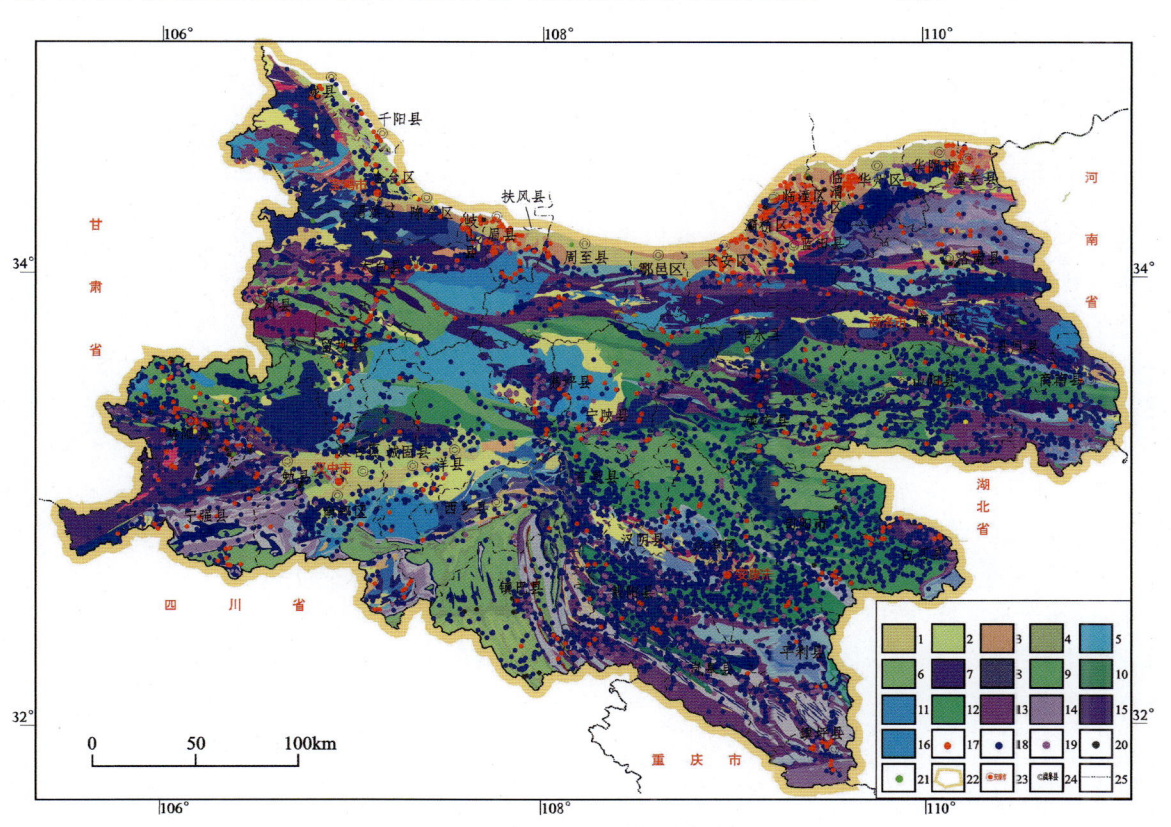

图3-6 研究区各类地层与地质灾害隐患点分布图

1.第四系全新统;2.第四系更新统;3.第四系上更新统;4.白垩系;5.三叠系;6.上二叠统;7.上石炭统;8.下石炭统;9.下泥盆统;10.中泥盆统;11.志留系;12.上奥陶统—中志留统;13.下寒武统—下奥陶统;14.中—下寒武统;15.中元古界;16.新元古界;17.崩塌;18.滑坡;19.泥石流;20.地面塌陷;21.地裂缝;22.研究区范围;23.市政府所在地;24.县级政府所在地;25.省界

表3-3 研究区各类地层与地质灾害隐患点分布情况一览表

地层岩性	地质灾害个数/处				灾害点密度/处·100km^{-2}			
	滑坡	崩塌	泥石流	其他	点密度	点密度	点密度	点密度
第四系	94	0	4	4	7.0	0.0	0.4	1.3
上新统与更新统并层	28	6	7	0	86.8	19.3	29.0	0.0
新近系与古近系并层	37	10	0	0	5.8	0.9	0.0	0.0
白垩系	32	0	0	0	10.3	0.0	0.0	0.0
侏罗系	31	0	4	4	6.8	0.0	0.9	3.2
三叠系	147	6	16	16	6.3	0.2	0.5	2.2
二叠系	165	19	0	2	6.8	0.5	0.0	0.4
石炭系	155	32	0	2	12.8	1.4	0.0	0.7
上泥盆统与石炭系并层	20	0	0	0	5.8	0.0	0.0	0.0
泥盆系	1828	188	118	1	13.5	0.9	0.7	0.0
志留系	1025	22	61	2	7.7	0.2	0.4	0.0
奥陶系	296	19	22	1	9.7	0.4	0.7	0.0
寒武系	386	32	35	3	7.4	0.4	0.7	0.2
下古生界并层	496	146	29	4	108.0	2.0	0.5	0.4
古生界未分	8	0	4	2	4.3	0.0	2.2	3.2
元古宇	1487	153	73	25	11.3	0.7	0.5	0.5
新太古界	16	0	49	0	3.6	0.0	9.7	0.0
火成岩	688	54	64	8	5.8	0.4	0.5	0.2

由表3-3可见,各类地质灾害在陕南秦巴山区出露的地层岩性区均有分布,但差异性较大。滑坡主要集中发育于泥盆系、志留系、元古宇等地层,共计4340处,占滑坡总数的62.54%,而滑坡灾害点密度较大区为上新统与更新统并层、下古生界并层,分别为86.8处/100km^2、108.0处/100km^2。崩塌集中发育于泥盆系、下古生界并层、元古宇,共487处,占崩塌总数的70.89%,点密度最大区为上新统与更新统并层,高达19.3处/100km^2。泥石流集中发育于泥盆系、火成岩,共188处,占泥石流总数的37.45%,密度最大区为上新统与更新统并层区,达29.0处/100km^2;地裂缝及地面塌陷主要发育于元古宇和三叠系,共41处,占地裂缝及地面塌陷灾害总数的55.41%,密度最大区为侏罗系砂岩、泥岩夹砾岩、煤层,达3.2处/100km^2。

研究区泥盆系岩性以砂岩、灰岩、千枚岩为主,砂岩抗风化能力较强,常形成陡坡、陡崖;灰岩抗风化能力差,极易产生滑坡、崩塌、泥石流等灾害。三叠系以灰岩、白云岩和碎屑浊积岩为主,易形成不稳定斜坡。上新统与更新统并层区及第四系并层区以松散堆积物为主,是各类地质灾害高发区。

2. 地层单元

秦巴山区可划为3个一级地层区、10个二级地层区和12个三级地层区。各级地层单元的灾害点分布及统计情况见图3-7和表3-4。

由图3-7和表3-4可见,研究区滑坡最多的区域在徽县-旬阳分区、紫阳-平利小区,分别为2236处、862处;崩塌最多的区域在金堆城小区、徽县-旬阳分区,分别为197处、133处;泥石流分布最多的区域在徽县-旬阳分区和金堆城小区,分别为129处、89处。

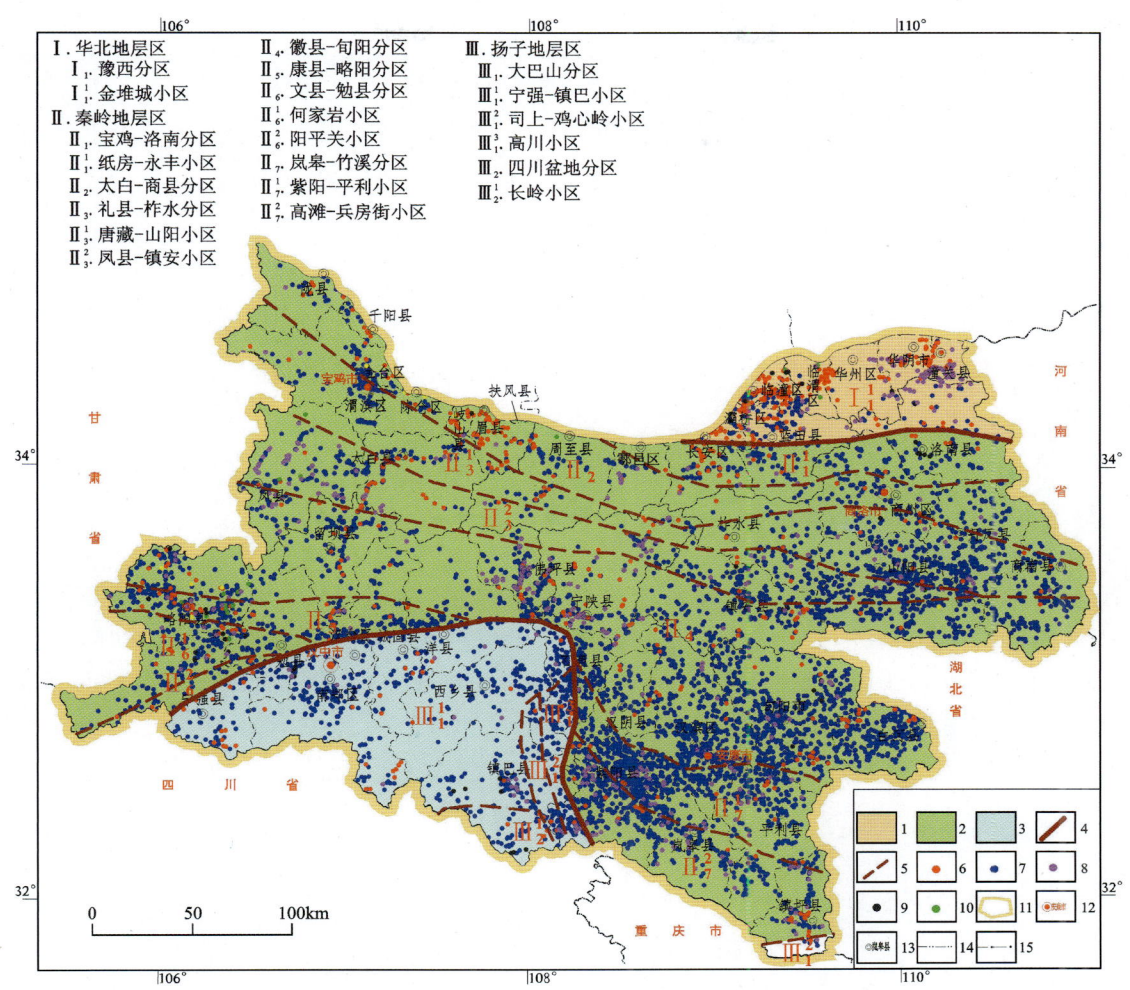

图 3-7 研究区二级地层单元与地质灾害隐患点分布图

1.华北地层区；2.秦岭地层区；3.扬子地层区；4.地层区界线；5.地层分区界线；6.崩塌；7.滑坡；8.泥石流；9.地面塌陷；10.地裂缝；11.研究区范围；12.市政府所在地；13.县级政府所在地；14.省界；15.县界

表 3-4 研究区二级地层单元与地质灾害隐患点分布情况一览表

地层区	地层分区		崩塌	滑坡	泥石流	地面塌陷	地裂缝	合计	隐患点密度
			处						处/100km²
华北地层区	豫西分区	金堆城小区	197	159	89	8	4	457	8.02
秦岭地层区	宝鸡-洛南分区	纸房-永丰小区	38	174	6	6	0	224	5.45
	太白-商县分区		93	314	17	1	1	426	4.70
	礼泉-柞水分区	唐藏-山阳小区	44	706	27	1	1	779	7.22
		凤县-镇安小区	33	496	73	3	3	608	7.83
	徽县-旬阳分区		133	2236	129	7	5	2510	10.22
	康县-略阳分区		36	345	11	4	9	405	15.09
	文县-勉县分区	何家岩小区	16	195	8	7	2	228	8.67
		阳平关小区	6	38	0	0	0	44	7.60
	岚县-竹溪分区	紫阳-平利小区	14	862	41	0	0	917	21.07
		高滩-兵房街小区	29	593	56	0	0	678	13.61

续表 3-4

地层区	地层分区		崩塌	滑坡	泥石流	地面塌陷	地裂缝	合计	隐患点密度
			处						处/100km²
扬子地层区	大巴山分区	宁强-镇巴小区	35	542	20	9	0	606	5.02
		司上-鸡心岭小区	5	69	4	0	0	78	7.88
		高川小区	4	166	5	0	0	175	16.72
	四川盆地分区	长岭小区	4	45	0	3	0	52	6.30

由此可见，秦巴山区地质灾害总体上在紫阳-平利小区、徽县-旬阳分区、金堆城小区集中分布，分布密度分别为21.07处/100km²、10.22处/100km²、8.02处/100km²。

二、岩土体

区内岩体按其构造、结构及强度划分为：坚硬块状侵入岩类、坚硬—较坚硬块状火山岩类、坚硬块状中—深变质岩类、坚硬—较坚硬层状浅变质岩类、坚硬块状碳酸盐岩类、软硬相间层状片状碎屑岩类、软弱层状碎屑岩类。区内土体按成因、颗粒组成和工程地质性质划分为5类，即：卵、砾类土（砂砾类土）、碎石土、黏性土、黄土类土及膨胀土（图3-8）。

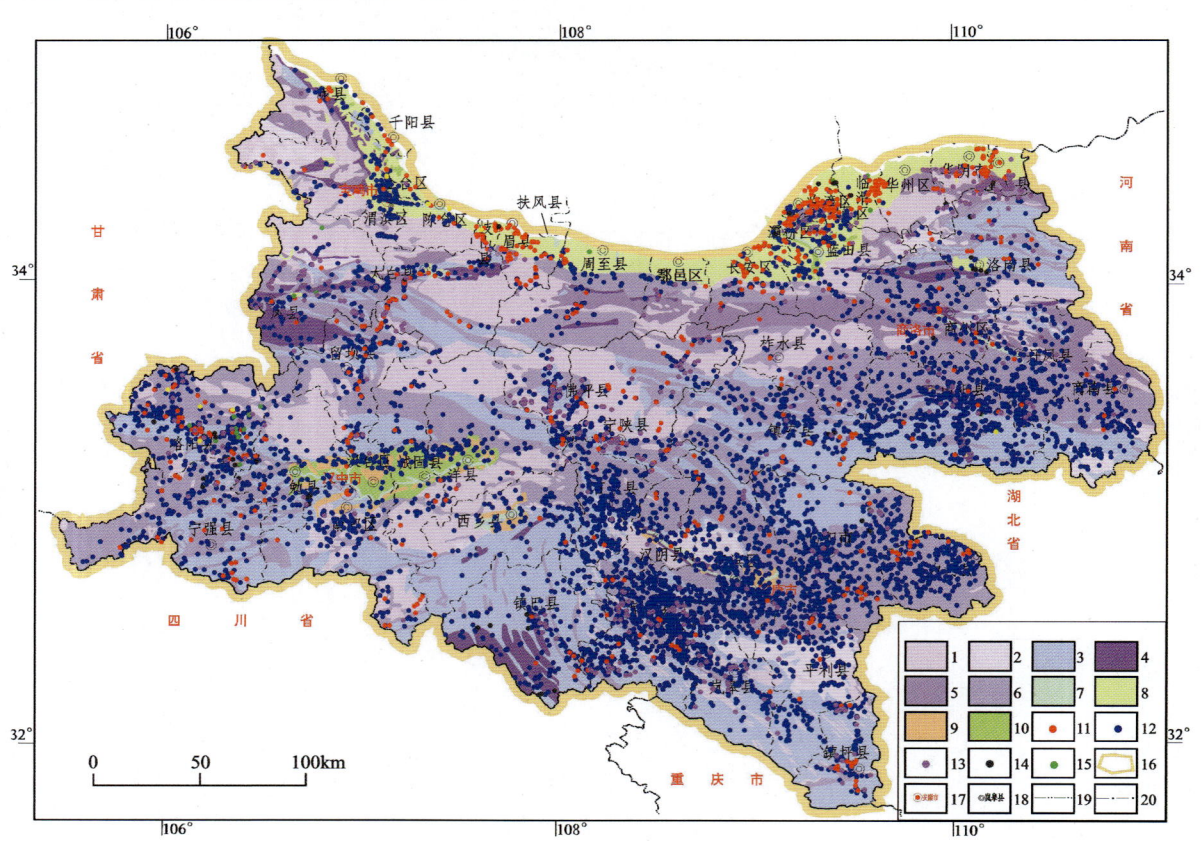

图3-8 研究区地质灾害隐患点在不同岩土体中分布图

1.侵入岩岩性组；2.喷出岩岩性组；3.碳酸盐岩岩性组；4.碎屑岩岩性组；5.混合岩、片麻岩岩性组；6.片岩、板岩、千枚岩岩性组；7.卵砾类土；8.黄土；9.膨胀土；10.黏性土；11.崩塌；12.滑坡；13.泥石流；14.地面塌陷；15.地裂缝；16.研究区范围；17.市政府所在地；18.县级政府所在地；19.省界；20.县界

1. 岩体

研究区地质灾害主要发生在岩体内,共 7375 处,占 90.08%,片岩、板岩、千枚岩组中分布的地质灾害最多,占 43.30%。这主要是因为该组岩性易风化,力学强度较低,片理、节理、层理等软弱结构面发育,岩石破碎,极易产生滑坡或崩塌(表 3-5)。

表 3-5　研究区不同岩土体地质灾害隐患点分布情况一览表　　　单位:处

岩土体		崩塌	滑坡	泥石流	地面塌陷	地裂缝	合计
岩体	侵入岩组	84	613	76	0	2	775
	喷出岩组	8	185	9	1	0	203
	碳酸盐岩组	135	2032	145	16	7	2335
	碎屑岩组	22	229	17	2	0	270
	混合岩、片麻岩组	59	118	68	2	0	247
	片岩、板岩、千枚岩组	163	3200	154	16	12	3545
土体	卵砾类土	6	80	0	0	0	86
	黄土	197	268	17	12	4	498
	膨胀土	0	110	0	0	0	110
	黏性土	13	105	0	0	0	118
合计		687	6940	486	49	25	8187

2. 土体

土体范围内分布 812 处,占 9.92%,秦岭北坡黄土地质灾害分布较多,南坡以黏性土(松散岩类土体)和膨胀土居多。

黄土质地均一,含大量钙质或黄土结核,多孔隙,有显著的垂直节理,无层理,在干燥时较坚硬,被流水浸湿后,通常容易剥落和遭受侵蚀,甚至发生坍陷。

膨胀土作为一种特殊土体,具有胀缩性强、抗风化侵蚀能力差、抗剪强度变动大等特点,膨胀土边坡表部因卸荷、风化、胀缩等原因,产生大量裂隙,降水或附近村民生活用水沿裂隙渗入,使土体原有的抗剪强度大大降低,导致边坡失稳,产生蠕滑。膨胀土范围内发生滑坡 110 处,未发生其他地质灾害。

黏性土(松散岩类土体)土质疏松,渗透性好,当堆积层下伏基岩时,基岩则为相对隔水层,基岩顶面为易滑面。

第四节　地震与地质灾害

地震本身是一种破坏性极强的灾害,而且可以引发其他地质灾害。地震会降低斜坡的稳定性,引起崩塌、滑坡,使斜坡沟谷不良地质体发育、松散堆积物增多,为泥石流的发生提供固体物源。

地震对地质灾害的影响是在地质历史时期长期累积的,特别是受岩体、土体内的各类结构面、构造面如(这个节理是针对矿物的)节理、劈理、层理、断层面、层间错动面、破碎带、层间错动破碎带等长期的影响,还对岩土体中风化裂隙带、卸荷裂隙、碎裂带、泥化夹层、夹泥层等软弱面同样具有破坏、降低其摩阻力的作用,使各类结构面(密度)增加和连通、贯通,降低其内聚力和内摩擦角,致使岩土体对水的渗透性增大、强度大大降低。地震发生时,地震对岩石和土体结构的作用实质上是能量的传递、转化、吸收和消耗,包括构造应力应变的过程,经常造成岩土体结构面的产生和扩大,抗剪强度指标降低,导致边坡下滑力加大,降低了边坡的稳定系数,乃至造成崩塌、滑坡。

研究区地震引发地质灾害主要有两次。一次是1556年华县发生8级地震,烈度Ⅺ级,死亡83万人,是全世界地震死亡人数最多的一次大地震。秦岭东段北坡处于极震区,从石堤河至杜峪之间的南山河流峡谷段发生了崩塌和山崩,属华山山脉水石流形成,提供了丰富的固体物源,1556年以来泥石流(属水石流)一直处于活跃期,见图3-9。再比如,陕西彬县(现彬州市)的侍郎湖也是本次华县地震导致黄土地貌崩塌形成的堰塞湖。另一次是2008年5月12日的汶川大地震,震中位于四川省汶川县,震级8级,区内震感强烈且余震较多,研究区中位于阳平关-勉县地震带上的宁强县受灾最为严重,其次为略阳县和陈仓区。据各县震后次生地质灾害应急排查报告结果,该地震引发滑坡和崩塌较多,但无泥石流灾害。此震区位于秦巴山区西部,在1981年8月发生大面积地质灾害,汉中市因灾死亡受伤多人,经济损失较大,宝汉公路多段路基、多座桥梁和涵洞被冲毁。研究这起地质灾害(图3-10),除降水因素外,各类地质灾害的分布与活动断裂地质构造带的相关性较好。从图3-9中不难看出,凤县至太白县的泥石流集中发育区基本沿F_{13}断裂展布,略阳县、宁强县的泥石流和滑坡集中发育区基本沿F_{16b}与F_{27}(阳平关-勉县断裂带)展布。

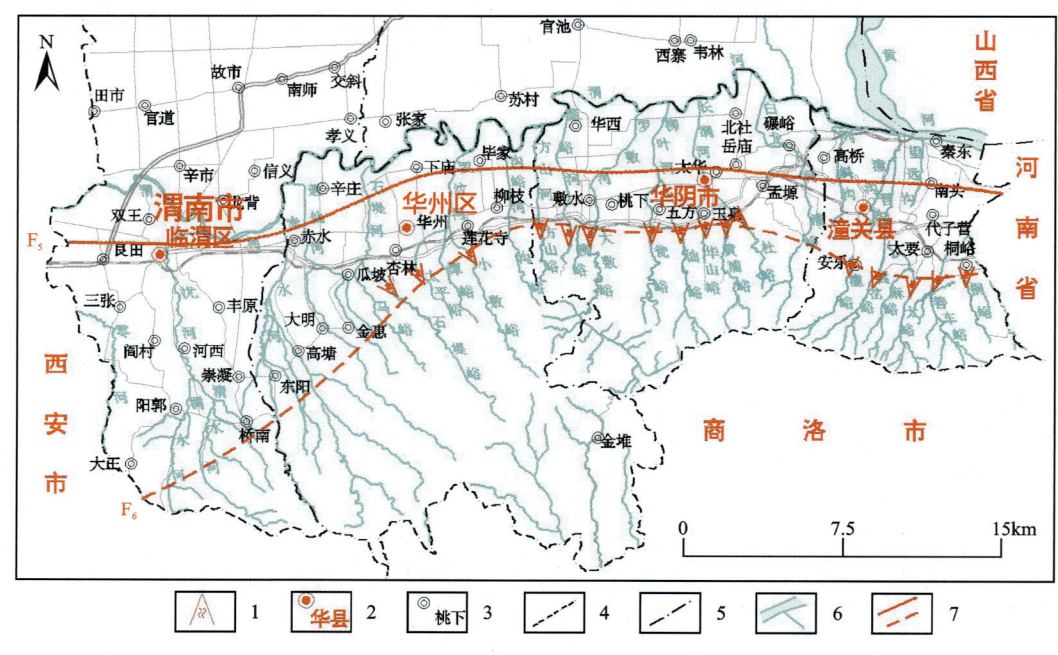

图3-9 华山北坡水石流示意图
1.泥石流沟;2.县级政府所在地;3.乡政府所在地;4.省界;5.县界;6.河流(峪);7.大断裂或隐伏断裂

再分析研究区各县(市、区)地质灾害调查与区划发现的地质灾害隐患点、地质灾害详细调查发现的地质灾害隐患点、2000年后地质灾害灾情数据。除秦岭北坡华州区、华阴市、陈仓区与南坡略阳县、宁强县的地质灾害或隐患与地震有相关性外,其他区域的地质灾害与地震相关性较小。

将上述各类地质灾害及隐患、2016年在册的地质灾害隐患点与陕西省境内的地震动峰值加速度图层叠加,如图3-11所示,同时参阅汶川地震引发滑坡与地震动峰值加速度对应关系研究成果资料,本次研究地震与地质灾害的相关性结论为:①地震动峰值加速度与地震引发崩滑之间存在非常明显的正相关性,随峰值加速度增加,地质灾害也逐渐严重,这在研究区北部最为显著,地震动加速度在2.0g时,地质灾害发生较0.1g和0.15g明显增多;②秦巴山震区存在0.20g的峰值加速度分界线,大于此值时地震滑坡灾害发生的可能性较大,小于此值时地震引发滑坡的可能性小。

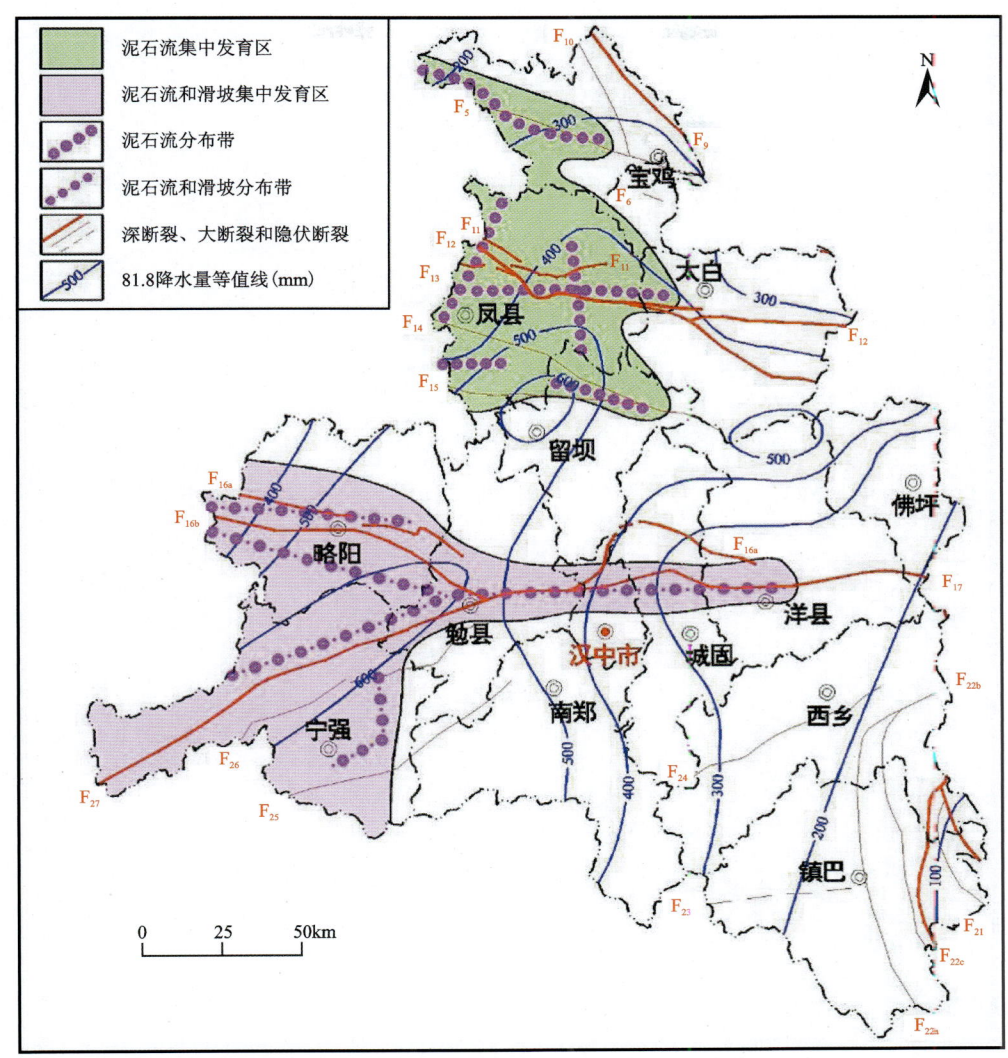

图 3-10　秦巴山区西部断裂构造与地质灾害分布图

第五节　地质构造与地质灾害

地质构造活动通过对地形地貌的改造、对岩土体的应力集中和破坏及在岩土体内形成断层节理等，直接或间接地影响地质灾害的形成。

研究区由北向南地跨中朝准地台、秦岭褶皱系和扬子地台。中朝准地台仅在东北部涉及豫西断隆（小秦岭隆起）。秦岭褶皱系北与中朝准地台为邻，南以宽川铺-饶峰-麻柳坝-钟宝断裂与扬子准地台相隔，由六盘山断陷、北秦岭加里东褶皱带、礼县-柞水华力西褶皱带、南秦岭印支褶皱带、康县-略阳华力西褶皱带、北大巴山加里东褶皱带、摩天岭加里东褶皱带组成。扬子准地台仅涉及其北缘，北与秦岭褶皱系为邻，南部延入湖北、重庆两省（直辖市），由龙门-大巴台缘隆褶带、四川台坳组成。

秦巴山区为由走向东西的紧密褶皱和压性断裂组成的强烈挤压带，地质构造极为复杂。新近纪以来，构造活动剧烈，区内的差异升降形成汉中、西乡、安康断陷盆地和北北东向斜列的石门、洛南、商丹、山阳等中生代—新生代断陷盆地。

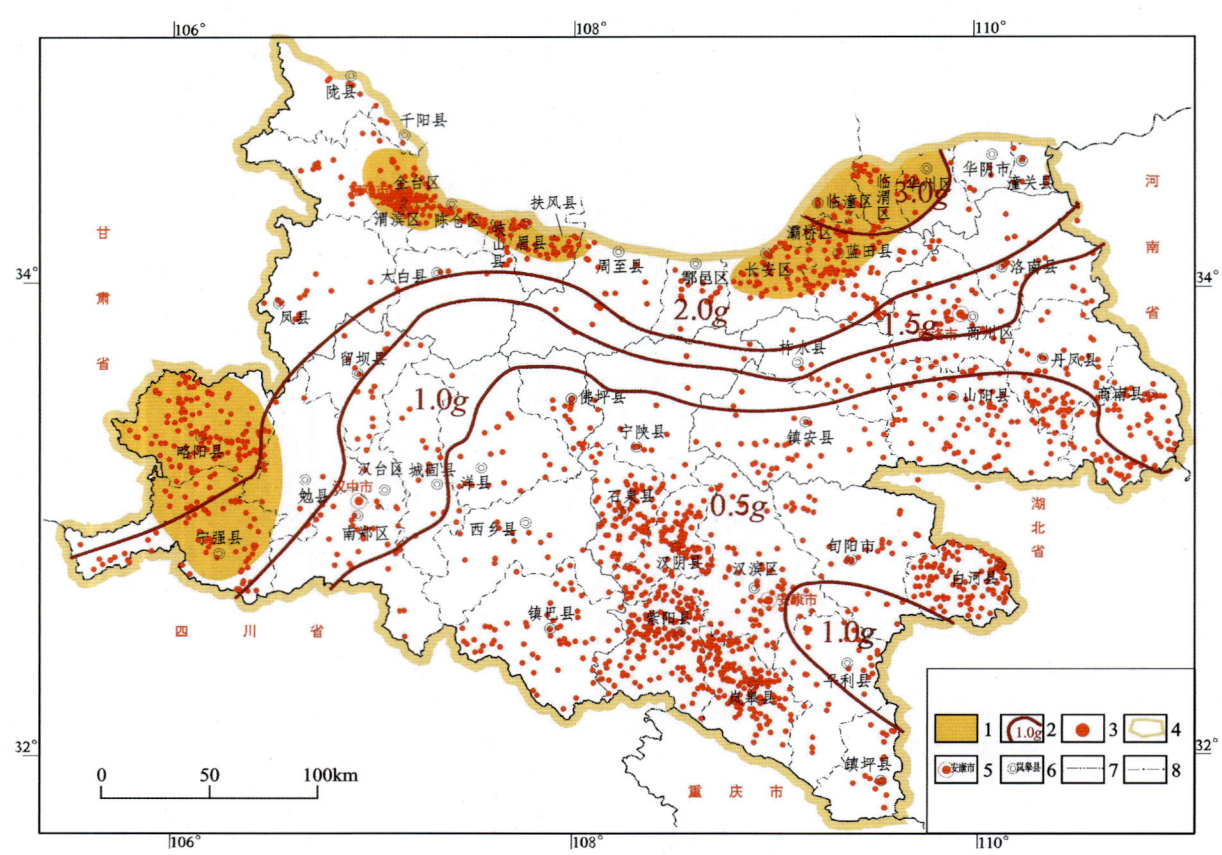

图 3-11 研究区地质灾害隐患与地震动加速度关系图

1.地质灾害严重区;2.地震动加速度界线值;3.地质灾害点;4.研究区界线;5.市政府所在地;6.县级政府所在地;7.省界;8.县界

一、地质构造单元与地质灾害

1. 一级构造单元

从表 3-6 和图 3-12 可以看出,南秦岭褶皱一级构造单元内地质灾害隐患最为发育,其次是扬子准地台,以紫阳县最为典型。

表 3-6 一级地质构造单元与地质灾害关系一览表

一级构造单元	崩塌	滑坡	泥石流	地面塌陷	地裂缝	合计	灾点密度
	处						处/100km²
中朝准地台	57	84	71	5	4	221	4.64
北秦岭褶皱系	298	805	74	12	4	1193	6.52
南秦岭褶皱系	276	4788	285	21	17	5387	10.36
扬子地台	56	1263	56	11	0	1386	8.13

紫阳县横跨扬子准地台、南秦岭褶皱一级构造单元。二者以饶峰-麻柳坝断裂为界,南为扬子准地台的南大巴山台缘隆褶带,北为南秦岭褶皱系。前者位于紫阳县西南角,后者分布于紫阳县的广大地区。断裂构造也很复杂,正、逆断裂构造均发育,部分断裂有长期复活的现象。一般断裂随大单元构造线的变化而转移,但各主要断裂常常是构成不同构造单元的分界线。地质构造控制了区内地形地貌的

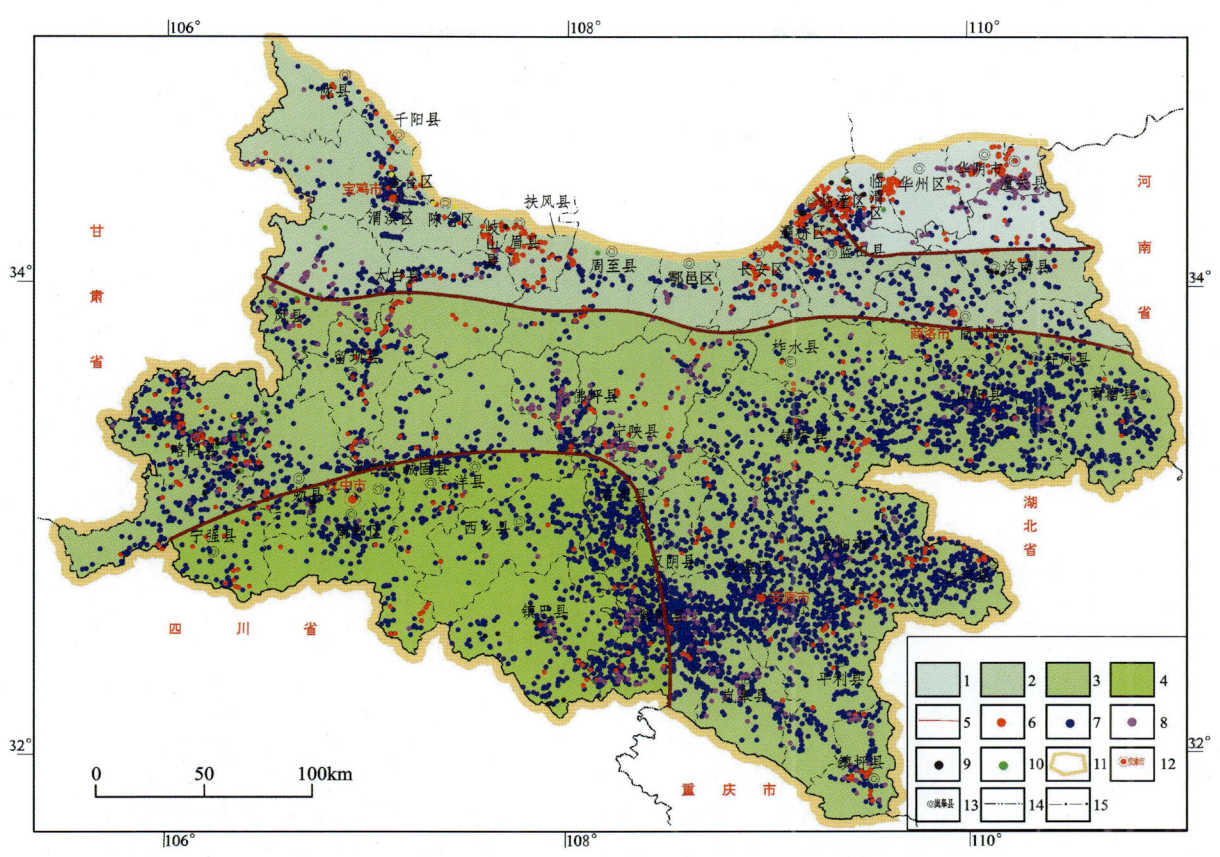

图 3-12 一级地质构造单元与地质灾害分布叠加图

1.中朝准地台；2.北秦岭褶皱系；3.南秦岭褶皱系；4.扬子地台；5.断裂；6.崩塌；7.滑坡；8.泥石流；9.地面塌陷；
10.地裂缝；11.研究区范围；12.市政府所在地；13.县级政府所在地；14.省界；15.县界

格局,造就了本区较大河流的弯曲变化,同时也形成了许多与构造方面一致的大量支流、沟谷。断裂和褶皱构造使得本区岩体结构破碎,风化作用强烈,从而有利于地质灾害的发育。紫阳境内主要发育5条逆断层、4条剥离断层、2条推覆断层及22条一般性质断层,且地质灾害随断层走向呈条带状分布。

研究区紫阳县地质灾害隐患最多,约681处,占研究区地质灾害隐患总数的8.32%。

2.二级构造单元

各二级地质构造单元与地质灾害的关系见表3-7及图3-13。秦巴山区滑坡主要集中分布在南秦岭印支断褶带,共2760处,占滑坡总数的39.77%；崩塌集中在北秦岭加里东褶皱带,共212处,占崩塌总数的30.86%；泥石流集中分布在南秦岭印支断褶带,为172处,占泥石流总数的35.39%。

表3-7 二级地质构造单元与地质灾害关系一览表

构造区	构造分区	崩塌	滑坡	泥石流	地面塌陷	地裂缝	合计	密度
		处						处/100km²
中朝准地台	豫西断隆	138	79	91	6	3	317	6.65
北秦岭褶皱系	北秦岭加里东褶皱带	212	772	54	10	4	1052	5.75
	礼县-柞水华力西褶皱带	35	353	25	1	0	414	4.81
	南秦岭印支断褶带	163	2760	172	11	14	3120	10.5

续表 3-7

构造区	构造分区	崩塌	滑坡	泥石流	地面塌陷	地裂缝	合计	密度
		处						处/100km²
南秦岭褶皱系	康县-略阳华力西褶皱带	25	198	9	4	2	238	13.2
	摩天岭加里东褶皱带	17	203	7	6	2	235	9.11
	北大巴山加里东褶皱带	38	1311	74	0	0	1423	15.7
扬子准地台	龙门-大巴台缘隆褶带	51	1108	44	7	0	1210	7.81
	四川台坳	8	156	10	4	0	178	9.93

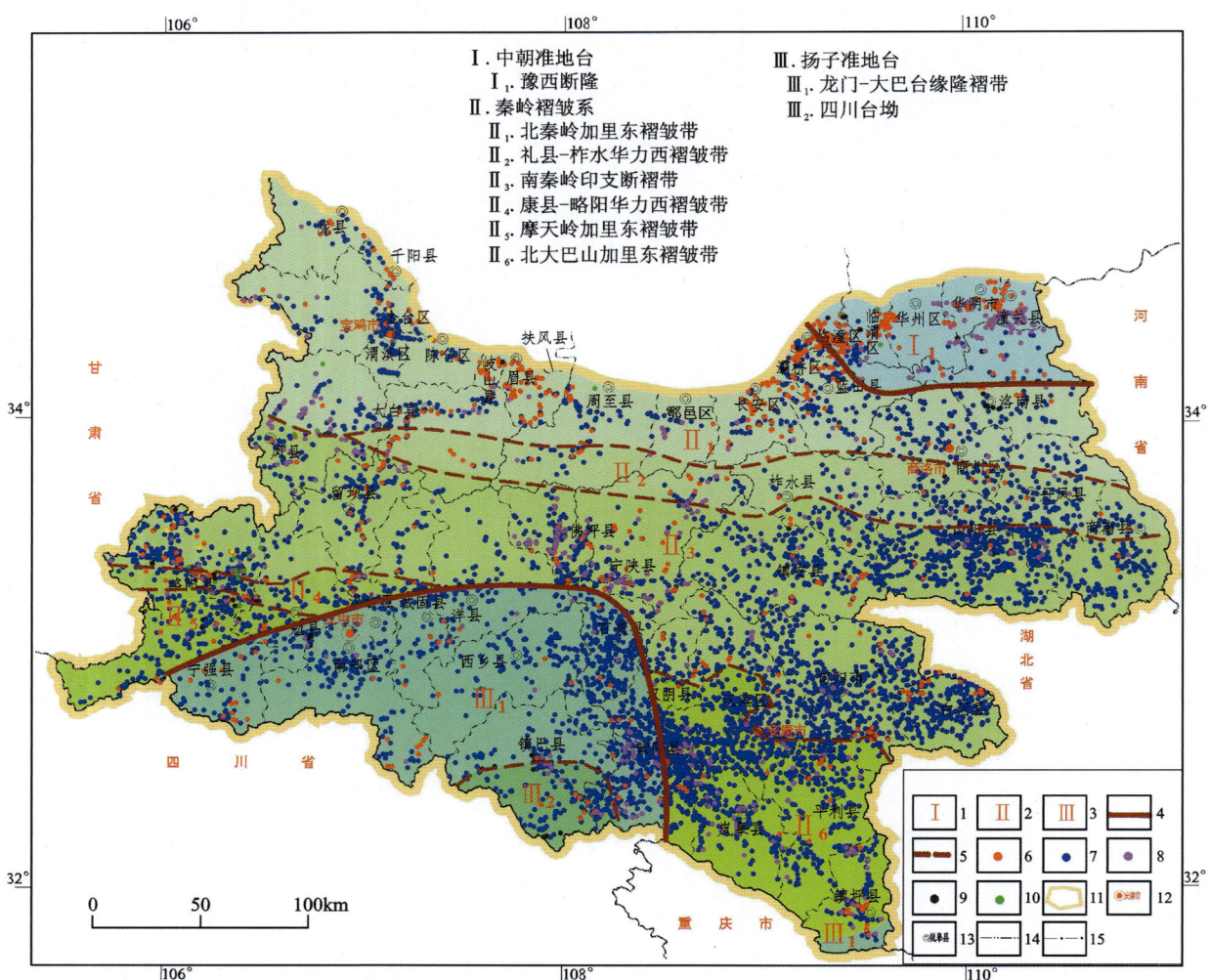

图 3-13 研究区地质灾害隐患与二级构造单元关系分布图

1.中朝准地台；2.秦岭褶皱系；3.扬子地台；4.构造区界线；5.构造分区界线；6.崩塌；7.滑坡；8.泥石流；9.地面塌陷；10.地裂缝；11.研究区范围；12.市政府所在地；13.县级政府所在地；14.省界；15.县界

二、断裂构造与地质灾害

区内深大断裂有八渡-宝鸡-铁炉子-三要断裂（F_9）、油房沟-皇台断裂（F_{11}）、唐藏-商南断裂（F_{12}）、凤镇-山阳断裂(F_{13})、略阳-马道断裂(F_{16})、阳平关-洋县断裂(F_{27})、饶峰-麻柳坝-钟宝断裂(F_{22})、红椿坝-曾家坝断裂(F_{20})等;大断裂主要有新集川-桠柏断裂(F_8)、拓石-宝鸡-渭南断裂(F_5)、石门断裂(F_7)、酒奠梁-板岩镇断裂(F_{14})、固关-虢镇断裂(F_{10})、紫柏山-江口断裂(F_{15})、栗扎平-七里峡断裂(F_{17})、公馆-白河断裂(F_{18})、月河断裂(F_{19})、高桥-八仙街断裂(F_{21})、峡口-白勉峡断裂(F_{24})、大竹坝-新集断裂(F_{25})、宽川铺断裂(F_{26});隐伏断裂主要有渭河盆地南缘秦岭山前断裂(F_6)、大池坝-镇巴断裂(F_{23})。主要断裂构造1km范围以内地质灾害点分布、数量及密度见表3-8和图3-14。

表3-8 研究区主要断裂两侧1km范围内地质灾害分布一览表

断裂名称	崩塌	滑坡	泥石流	地面塌陷	地裂缝	合计	密度
	处						处/100km²
F_5	16	48	0	0	0	64	6.01
F_6	39	70	19	0	1	129	9.38
F_7	3	9	1	0	0	13	5.57
F_8	4	7	3	0	0	14	1.71
F_9	21	48	0	1	0	70	5.75
F_{10}	1	8	0	0	0	9	2.50
F_{11}	12	42	8	0	1	63	4.42
F_{12}	6	57	5	2	0	70	8.73
F_{13}	7	176	19	0	0	202	12.65
F_{14}	7	177	12	2	1	199	14.12
F_{15}	2	21	0	0	0	23	10.27
F_{16}	23	136	7	1	6	173	18.23
F_{17}	5	33	9	0	0	47	13.45
F_{18}	5	61	0	0	0	66	11.00
F_{19}	1	131	2	0	0	134	18.33
F_{20}	3	161	21	0	0	185	27.11
F_{21}	1	84	4	0	0	89	12.95
F_{22}	8	113	8	0	0	129	9.83
F_{23}	0	12	0	3	0	15	7.70
F_{24}	0	11	0	0	0	11	4.44
F_{25}	3	13	0	0	0	16	5.54
F_{26}	2	18	0	0	0	20	6.18
F_{27}	1	153	3	0	0	157	13.36
合计	170	1589	121	9	9	1898	

由图3-14可见,地质灾害沿断裂构造的分布受离断裂的距离远近的影响,在越靠近断裂构造的范围,地质灾害分布点数越多且越密集。除此之外,地质灾害分布受断裂的规模影响也较大,断裂规模越大,断裂两侧受断裂破碎带的影响也越大。总体来看,地质灾害点沿各主要断裂的两侧呈带状分布。

由表3-8可见,区内断裂两侧1km范围内地质灾害点共计1898处。凤镇-山阳断裂(F_{13})、酒奠梁-

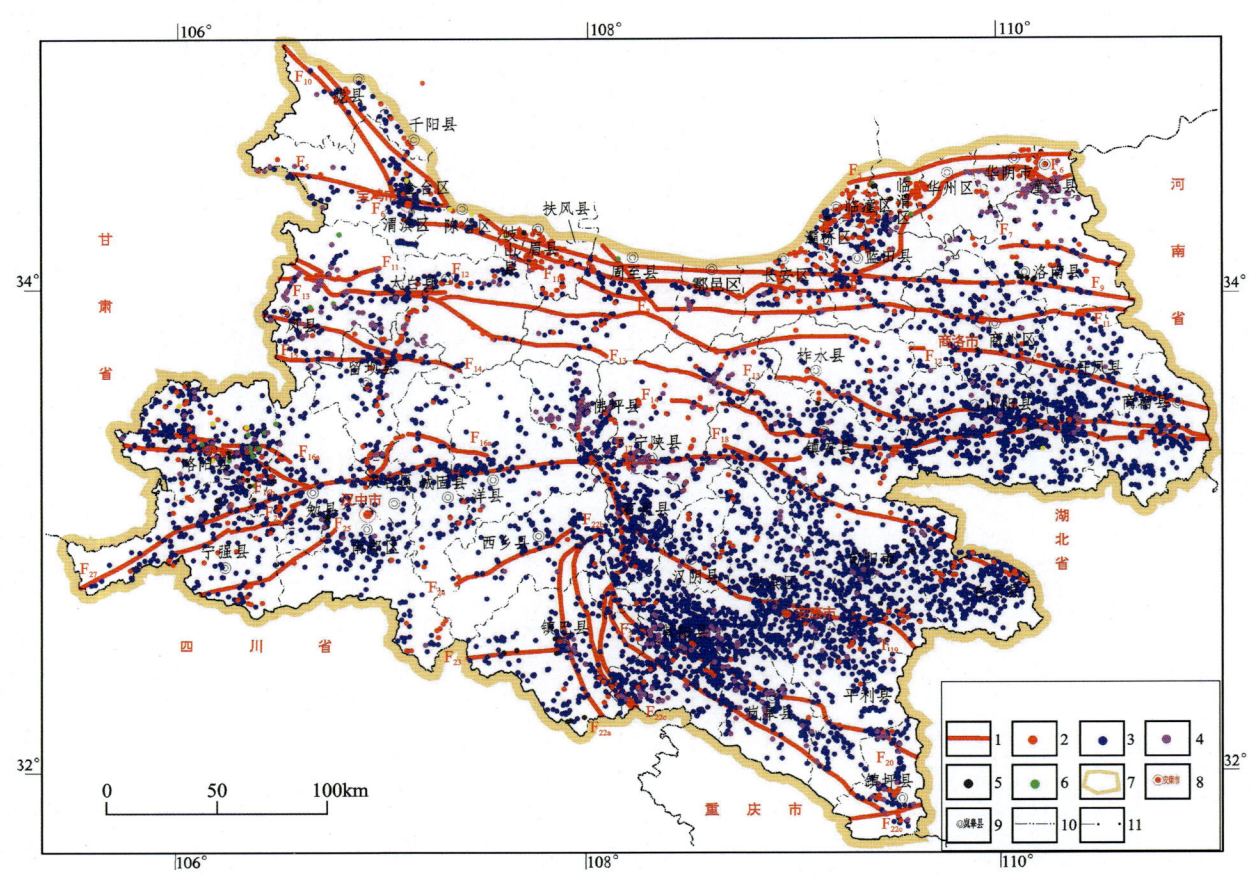

图 3-14 研究区主要断裂与地质灾害隐患关系叠加分布图

1.大断裂及隐伏断裂1km范围；2.崩塌；3.滑坡；4.泥石流；5.地面塌陷；6.地裂缝；7.研究区范围；
8.市政府所在地；9.县级政府所在地；10.省界；11.县界

板岩镇断裂（F_{14}）、紫柏山-江口断裂（F_{15}）、略阳-马道断裂（F_{16}）、栗扎坪-七里峡断裂（F_{17}）、公馆-白河断裂（F_{18}）、月河断裂（F_{19}）、红椿坝-曾家坝断裂（F_{20}）、高桥-八仙街断裂（F_{21}）和阳平关-洋县断裂（F_{27}）两侧1km范围内灾害点密度均大于10处/100km²。其中，红椿坝-曾家坝断裂（F_{20}）的灾害点密度最大，达27.11处/100km²，灾害以滑坡为主。滑坡占该区灾害总数的87.03%，分布密度为23.58处/100km²。

第六节 水的作用与地质灾害

一、降水

降水是地质灾害形成的重要引发因素，主要表现在3个方面：①增加岩土体的含水量和自重，造成岩土体抗剪强度降低及加载失衡；②雨水下渗在基岩顶面隔水汇集，软化软弱基岩面，起到润滑作用，形成易滑面；③使地下水位迅速抬高，潜流速增大，造成动水压力增大，增强下滑力。相关性见本章第一节，在此不再重复。

二、地表水

地表水的作用主要表现在运动过程中对坡体的下蚀和侧蚀。河流一方面不断下切，使岸坡增高变陡；另一方面河水不断地浸润和冲刷坡脚，尤其在洪水期，水位陡涨陡落，导致坡体稳定性不断降低。

1. 按流域

研究区水系较发育，以秦岭主脊为界，北属黄河水系，南为长江水系。黄河水系主要为渭河及其支流，特点是上游多支流，河段开阔，下游河床狭窄、比降大、流速急、水位暴涨暴落，洪枯期流量相差悬殊，含沙量大。长江水系有汉江、嘉陵江、丹江等及其支流（图3-15），其特点是各支流水量丰富，洪枯水期水量变化相对较小，河窄、水深、纵比降大，多峡谷，水力资源丰富，受地形及暴雨影响易引发泥石流等灾害。

本次研究了渭河及汉江、嘉陵江、丹江一级支流各个流域内灾害点分布情况。根据图3-15，汝河流域内地质灾害点密度最大，目前石堤河、正沟、焦家河流域无地质灾害点；流域纵坡降越大，地质灾害点密度越大，以泥石流点为主；流域切割深度越大地质灾害点密度越大，以崩塌、滑坡为主。

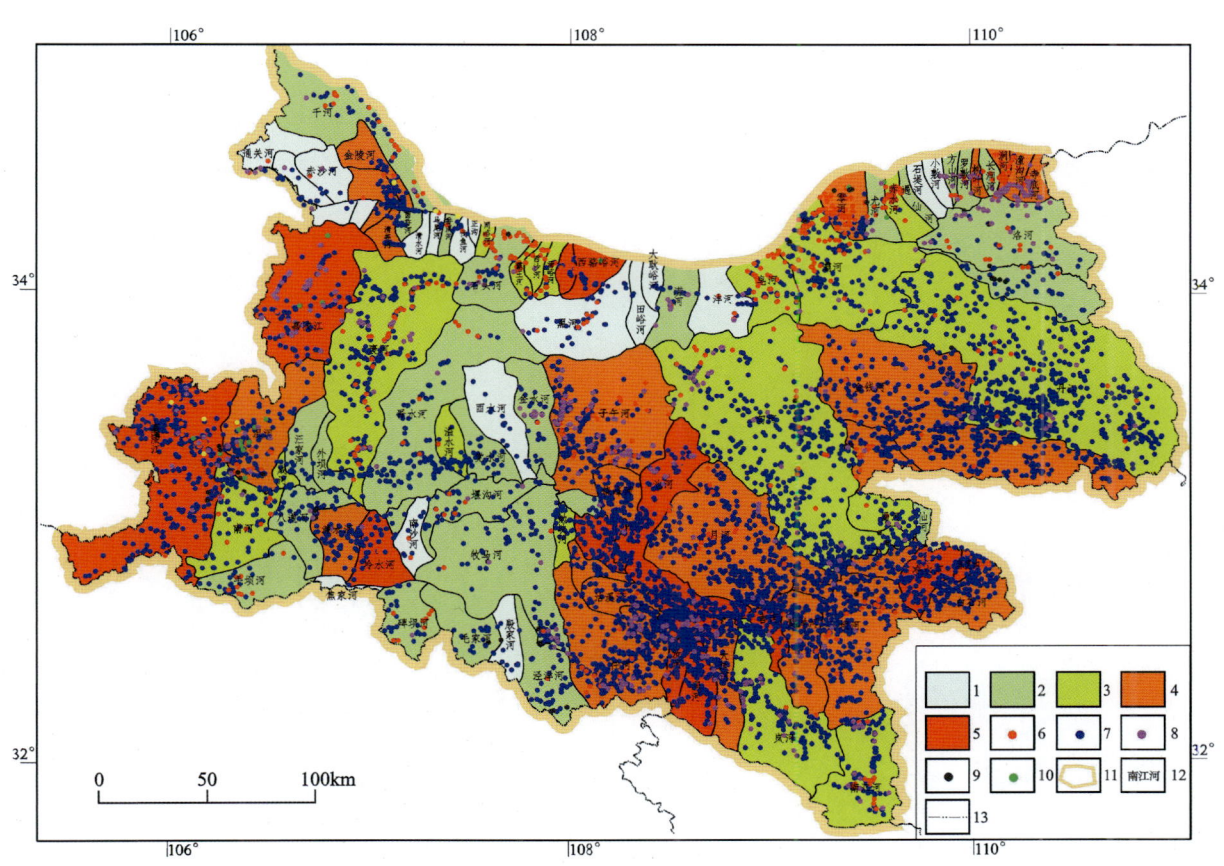

图3-15 研究区主要河流流域内地质灾害隐患点分布图

1.灾点密度<3处/100km²；2.灾点密度3～6处/100km²；3.灾点密度6～10处/100km²；4.灾点密度10～20处/100km²；5.灾点密度>20处/100km²；6.崩塌；7.滑坡；8.泥石流；9.地面塌陷；10.地裂缝；11.研究区范围；12.流域名称；13.省界

2. 按距离

水系对地质灾害的影响主要表现为河流侵蚀斜坡前缘形成高陡临空面，一方面削弱了坡体抗滑力，可能引发滑坡或崩塌地质灾害；另一方面为泥石流的发生提供充足的物质来源和水力条件。

由表3-9和图3-16可知,陕南秦巴山区地质灾害沿河流两岸一定影响范围呈带状分布,靠近河流两侧的灾害点密度明显高于其他地区。主要河流两岸1km范围内地质灾害共计359处,以滑坡分布为主。汉江灾害点最多,有161处,占44.85%,其中滑坡占该区灾害总数的95.7%;嘉陵江灾害点密度最大,为21.95处/100km²,其中滑坡分布密度为17.50处/100km²。据统计,除洛河外其他大的河流两岸1km范围内地质灾害发育,灾点密度均大于14处/100km²。因此,一般情况下,到水系的距离与地质灾害的发育程度具有正相关关系。

表3-9 研究区主要河流两岸1km范围内地质灾害分布一览表

断裂名称	崩塌	滑坡	泥石流	地面塌陷	地裂缝	总计	灾点密度
	处						处/100km²
嘉陵江	3	63	12	0	1	79	21.95
汉江	2	154	5	0	0	161	18.78
丹江	1	38	1	0	0	40	15.33
旬河	0	43	4	0	0	47	16.01
洛河	2	5	0	0	0	7	4.05
金钱河	1	23	1	0	0	25	14.27
合计	9	326	23	0	1	359	

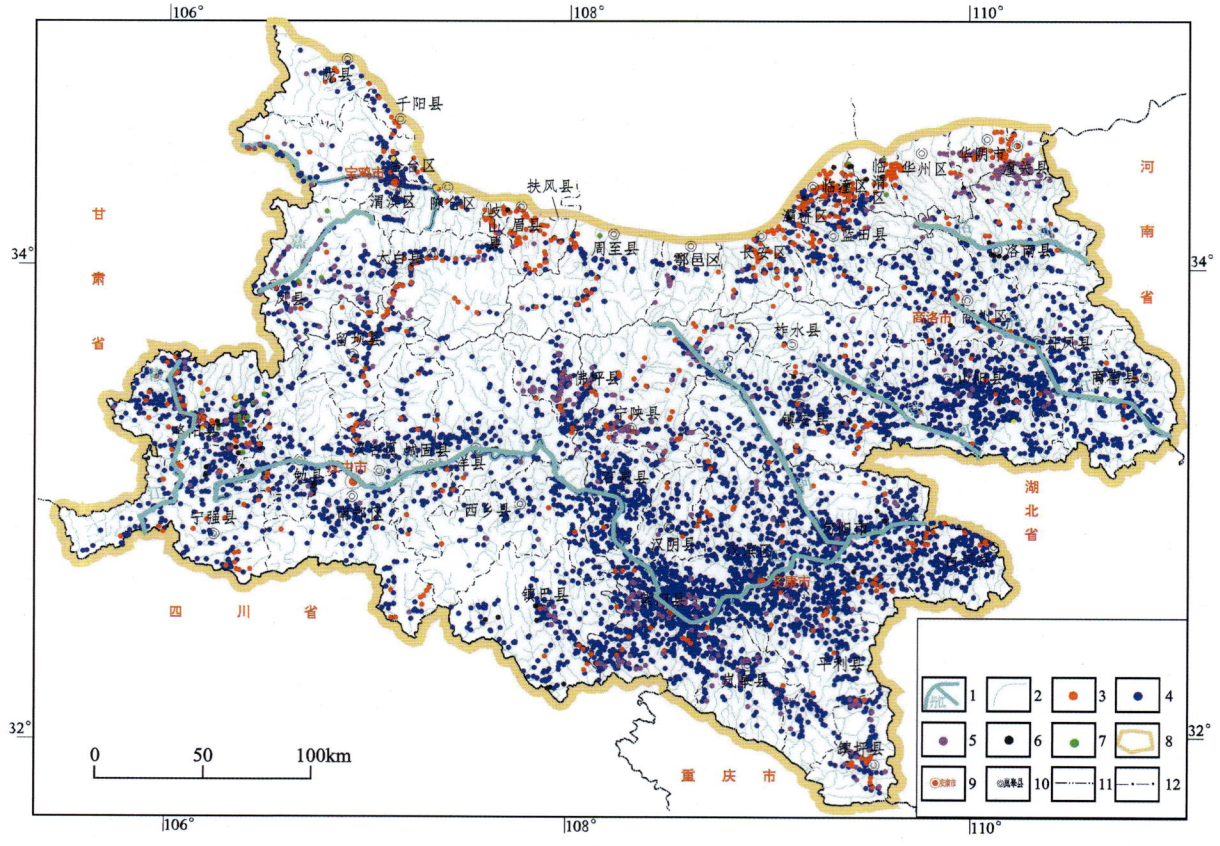

图3-16 研究区主要河流两侧与地质灾害隐患分布图

1.主要河流两岸1km范围;2.水系;3.崩塌;4.滑坡;5.泥石流;6.地面塌陷;7.地裂缝;8.研究区范围;9.市政府所在地;10.县级政府所在地;11.省界;12.县界

3. 按地貌

地表水的冲蚀、下渗能润滑岩层接触面,降低其黏聚力,从而导致斜坡失稳,形成地质灾害。以汉台区为例具体介绍如下。

山区:河流下切强烈,岸坡加高,坡度变陡,并不切断潜在滑面或软弱结构面。随着坡脚临空面的加高,岸坡稳定性变差,岸坡变形破坏频繁,斜坡稳定性下降,地质灾害十分发育。统计表明,北部褒河留坝至河东店镇南北长约7km,发育崩塌、滑坡等地质灾害20处。

丘陵区:河流下切速度减缓,侧蚀展宽,河流作用常具有明显的时间效应特征。河流变形破坏以滑坡体的局部或整体复活为主,大多与洪、枯水位波动带引起的地下水位的变动、冲刷、坡脚岩土体的长期浸润软化有关,河流对地质灾害的稳定性有一定的降低作用,如红星村三四组滑坡(HT0067)前缘受河流浸润,每年汛期均有变形和滑动。

平原区:河流以沉积作用为主,伴有侧蚀。因地表较为平坦和岸坡较低,地质灾害一般不发育。

汉台区地表水对本区地质灾害的影响还表现为地表引水渗漏进入斜坡,引发坡体活动变形或灾害体活动加剧。河东店镇沥水沟滑坡中部2010年5月31日12时发生险情,出现一个呈弧形展布长约40m的错落陡坎,错坎高0.8~1.2m,距弧形裂缝下方约40m的平台后部陡坎处,在长约10m范围内有地下水渗出,渗出带上部土体水分饱和,坡体有滑塌现象。其原因是20世纪90年代修建的引水涵洞闸门漏水引起东干渠积水,渠水发生渗漏。区内相当一部分滑坡后缘及中部有水田存在,水田水入渗坡体加剧了滑坡活动变形,如汉王镇大兴村三组滑坡(HT0086)、徐望镇邵家湾村六组滑坡(HT0063)等地质灾害点的形成均与地表水有关。

三、地下水

当岩石受到水的作用(有时因酸碱度不同还有化学反应)时,水就沿着岩石中的孔隙、裂隙浸入,浸湿岩石全部自由面上的矿物颗粒,并继续沿着矿物颗粒间的接触面向深部浸入,削弱矿物颗粒间的连接,使岩石的强度降低。

水总是使岩石的强度降低,特别是岩土体中的裂隙(空隙)水对岩土体强度影响非常大,并且压力越大,岩土体强度下降越明显。

虽然水对岩石强度的影响在一定程度上是可逆的,当岩石干燥后其强度仍然可以恢复或部分恢复;但如果发生干湿循环,出现化学溶解、结晶膨胀等,岩石的结构状态会发生变化,则岩石强度的降低就转化为不可逆过程。

水在突发地质灾害中的作用主要表现在水对滑面的溶蚀、蚀变、离子交换、水化作用、淋滤等作用,导致岩土体软化、潜蚀岩土体,降低软弱结构面的强度,增大孔隙水压力,使下滑力增大。

融雪、降水特别是大雨、暴雨和长时间的连续降水,使地表水渗入坡体,软化岩土体及产生孔隙水压力等。以上各类水使接近极限平衡状态的坡体趋于极限平衡状态,使处于极限平衡状态的滑体产生滑动。在许多情况下,水常常使岩土体形成崩塌、滑坡、泥石流的极限平衡状态,并且引发地质灾害。

在水对土体的作用中,毛细水的上升可导致地基冻胀,甚至顶起地基,导致墙体开裂。地下水位的上升使得黏土软化,造成湿陷性黄土严重湿陷,膨胀土地基膨胀;而地下水位的下降(包括地下水抽取过量)使得岩土体持力层有效应力增加,导致地面沉降和地裂缝等产生。

地下水中硫酸根离子、二氧化碳等过多时,就会对岩土体、混凝土等产生侵蚀作用,破坏岩土体的稳定性。

第七节　人类工程活动与地质灾害

陕西省地质灾害的主要引发因素之一是人类工程活动,集中体现在道路建设、矿山开采、城镇建设、陡坡垦殖等方面。

一、道路建设

在山区地质环境脆弱的背景下,道路建设挖填作业对地质结构的影响不容小觑。山区道路建设挖填作业会改变原始坡形,打破坡体内部的应力平衡,爆破震动进一步削弱岩土体的完整性,致使斜坡稳定性显著降低。近年来,秦巴山区交通网络加速成型,公路建设在带动区域经济发展的同时,存在边坡处置不当引发地质灾害的风险。若道路施工中对坡脚开挖后未及时采取固坡措施,高陡边坡的应力失衡极易诱发滑坡、崩塌等灾害。当雨水冲刷时,松散的坡体无法承受重力,瞬间倾泻而下,给过往行人与道路工程带来巨大威胁。此外,工程弃渣废土若随意堆放于沟谷、河道不仅会堵塞排水通道,还为泥石流形成提供了充足的物质基础。一旦遭遇暴雨,这些松散堆积物与雨水混合,便会形成破坏力极强的泥石流,裹挟着石块、树木奔涌而下,严重威胁下游群众的生命财产安全。

本书统计了研究区主要交通干道 1km 范围以内的滑坡、崩塌、泥石流及其他类型的灾害点,见表 3-10 和图 3-17。

表 3-10　研究区主要交通干道两侧 1km 范围内地质灾害隐患分布一览表

交通干道		滑坡	崩塌	泥石流	其他	灾点总数	灾害点密度
		处					处/100km²
铁路	宝成	61	5	3	1	70	19.5
	阳安	93	5	7	0	105	6.2
	襄渝	55	0	3	0	58	6.4
	西康	61	23	1	0	85	11.9
	宁西	107	5	1	0	113	11.3
高速公路	十天	52	2	1	1	56	3.9
	京昆	43	2	2	2	49	4.6
	包茂	49	15	8	0	72	11.2
	福银	31	0	0	1	32	8.3
	沪陕	117	8	3	0	128	17.2
国道	G316	105	12	5	1	123	6.6
	G108	69	5	21	1	96	7.5
	G210	55	6	3	4	68	4.2
	G312	59	10	2	1	72	7.4

续表 3-10

交通干道		滑坡	崩塌	泥石流	其他	灾点总数	灾害点密度
		处					处/100km²
省道	S309	23	4	1	2	30	9.0
	S210	7	2	0	0	9	1.1
	S211	14	2	1	2	19	12.9
	S102	15	3	0	1	19	8.0
	S307	51	3	2	0	56	9.4
	S310	22	1	6	0	29	9.6
	S207	11	2	3	0	16	2.0
	S308	10	1	1	0	12	2.6
	S202	10	2	1	0	13	3.2
	S203	13	2	1	0	16	8.8
合计		1133	120	76	17	1346	

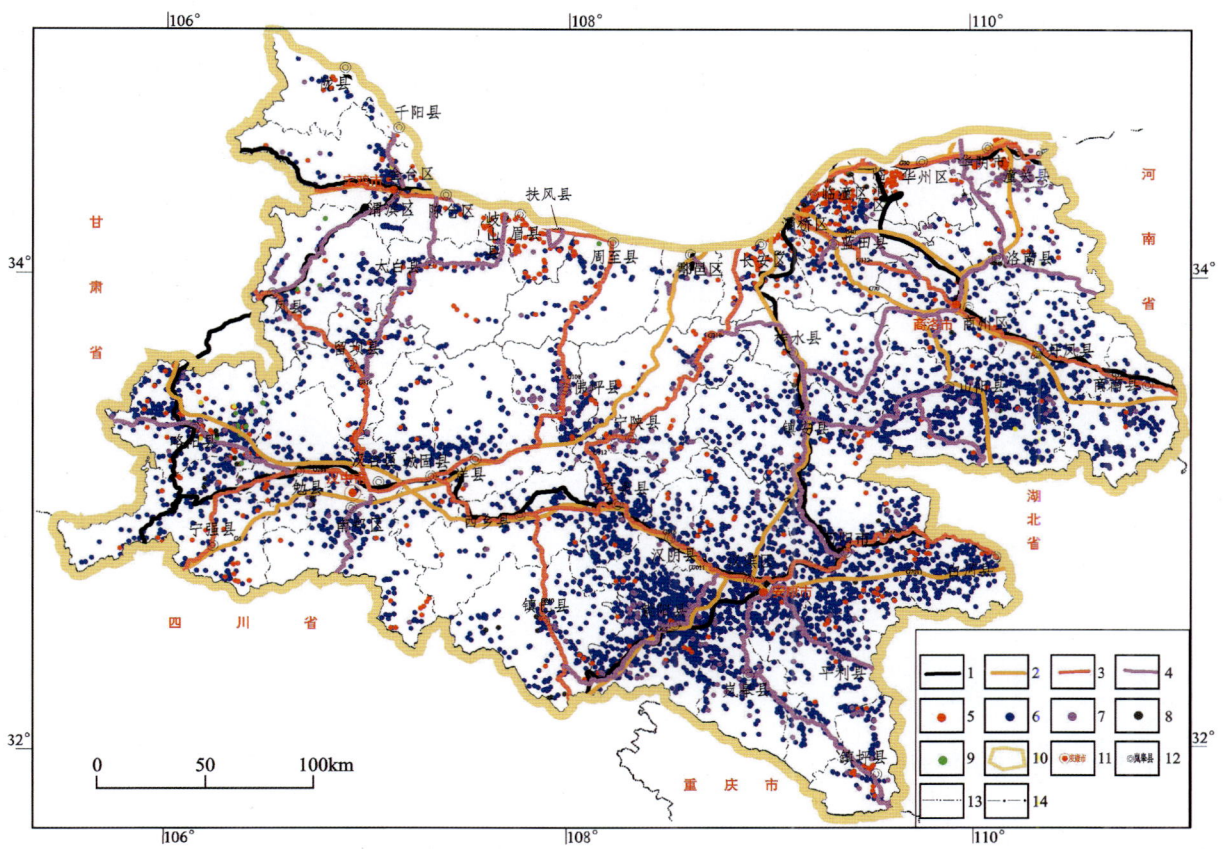

图 3-17 研究区主要交通干道 1km 范围内地质灾害隐患分布图

由图 3-17 可见，陕南秦巴山区地质灾害沿主要交通干道一定影响范围呈带状分布，靠近交通干道两侧的灾害点密度明显高于其他地区。由表 3-10 可见，主要交通干道两侧 1km 范围内地质灾害共计 1346 处，以滑坡为主，共计 1133 处，占总数的 84.18%；崩塌次之，共 120 处，占总数的 8.92%；泥石流共

77处,占总数的5.72%。

根据灾害点数统计情况,沪陕高速两侧1km范围内地质灾害点数最多,共计128处,以滑坡分布最多,滑坡占该区灾害总数的91.41%;国道G316两侧1km范围内地质灾害点共123处,以滑坡为主,占该区灾害总数的85.37%;省道S210两侧1km范围内地质灾害发育最少。根据灾害点密度统计情况,宝成铁路两侧1km范围内灾害点密度最大,为19.5处/100km²,该区滑坡分布密度也最大,达17.0处/100km²;沪陕高速灾害点密度次之,为17.2处/100km²;省道S207灾害点密度最小,仅为2.0处/100km²。

通过对汉台区地质灾害详细调查,研究了汉台区国道G316地质灾害的发育特点,道路建设引发地质灾害隐患点达27处,其中崩塌23处,滑坡4处。其中,2处威胁国道G316又威胁平安村村民,初步统计国道G316沿线每千米发育1处以上地质灾害点(图3-18)。

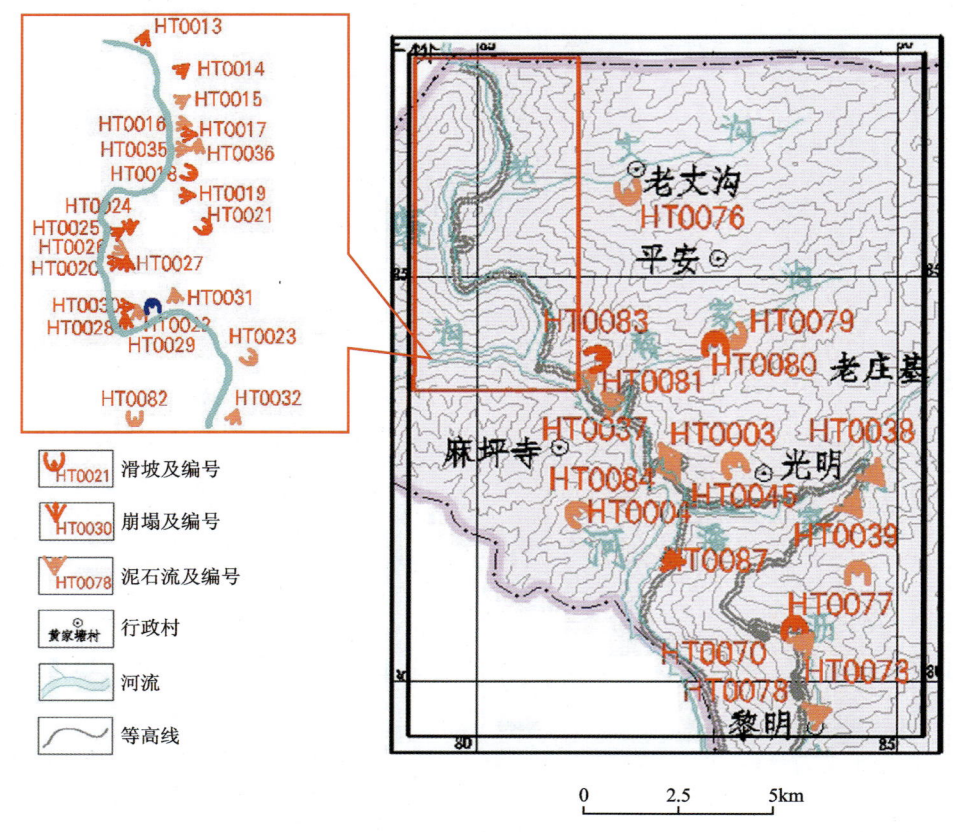

图3-18 汉台区国道G316重复地段地质灾害分布图

二、矿山开采

秦巴山区凭借独特的地质构造,成为金、铅锌、钼等矿产资源的富集宝库。这些资源的开发不仅培育了矿业支柱产业,更通过产业链延伸带动就业、促进贸易,为区域经济发展注入了强劲动力。然而,矿产开发犹如"双刃剑",其带来的地质灾害隐患不容忽视。若矿区对开采产生的废石与尾矿处置不当,如随意堆积于山谷河道,会形成巨大的松散物质堆积体。每逢暴雨,洪水裹挟这些堆积物会瞬间转化为破坏力极强的泥石流,不仅严重威胁矿山生产安全,更对下游村落、交通干线等基础设施造成毁灭性破坏。此外,露天开采形成的高陡边坡在长期风化剥蚀与雨水冲刷下,岩土体强度不断弱化。若未及时实施锚固加固、植被复绿等防护措施,极易发生滑坡、崩塌灾害。在历史上,潼关县西峪、东峪曾因弃渣堆积引发严重泥石流,造成重大的人员伤亡与财产损失。如今,陕西省正通过政策引导与技术支撑,对历史遗留废弃矿山开展生态修复与地质灾害隐患治理,在经济发展与生态保护间寻找平衡,逐步消除安全隐患,重塑绿水青山。

三、城镇建设

秦巴山区独特的自然地理条件,既赋予其秀美的山水风光,也使其成为地质灾害易发区。长期以来,受限于复杂的地形地貌,区域内城镇和村庄多沿河而建、依沟而居。这些看似宜居的地段区域恰恰是山洪泥石流等地质灾害的易发地段。以平利老县城为例,这座古老城池,位于汉江南岸黄洋河支流县河流域,因地势低洼、河道狭窄,历史上多次遭受山洪泥石流侵袭。据《平利县县志》记载,平利老县城建于618年;1728年5月一场高强度山洪泥石流突袭县城,致使全城被淹,大量房屋损毁;1771年县城经大规模重建并加固城防;但因河床逐年淤高,洪涝灾害愈发严重,最终于1802年平利县城被迫迁至白土关。

尽管陕西省大力推进地质灾害隐患点群众避险搬迁工作,然而部分村民受"安土重迁"的传统观念与生活习惯影响,仍选择留守故土。为获取更多居住空间,村民在斜坡坡脚削坡平地,或于沟道内削坡建房。这种行为破坏了坡体稳定性,加之秦巴山区降水充沛,一旦遭遇强降雨,极易引发滑坡、崩塌灾害。以汉台区为例,北部中低山区削坡建房现象普遍,不少村民仅在坡体前缘简单砌筑石墙,甚至未采取其他有效防护措施,导致坡体临空失稳风险剧增。例如平安村三组王二湾滑坡(HT0083)(图3-19)等多起地质灾害隐患均与削坡建房有关。因此,必须强化地质灾害防治意识,科学规划建设,筑牢安全防线。

图3-19 平安村三组王二湾滑坡全貌

四、斜坡垦殖

斜坡垦殖同样是秦巴山区地质灾害的主要引发因素。随着经济发展与生活水平提升,陕西省大力推进扶贫移民、生态移民及地质灾害避险移民搬迁工程,引导众多山区居民迁至地势相对平缓的丘陵区域。这种措施可使大量坡耕地得以退耕还林,有效降低了地质灾害风险。然而,仍有部分山区农户固守传统农耕模式,以种植玉米、水稻等农作物维持生计。这些垦植区域地形陡峭,坡度普遍超过25°,坡体结构呈现"上覆残坡积碎石土、下伏坚硬基岩面"的二元特征。

长期的耕作活动使土壤结构变得松散,从而保水固土能力大幅下降。每当遭遇强降雨,雨水迅速渗透至碎石土层底部,在土体与基岩面之间形成润滑水膜,导致残坡积层与基岩间的摩擦力急剧减小。失去支撑的土体易沿着基岩面迅速滑动,引发残坡积层滑坡。这类滑坡突发性强、隐蔽性高,常裹挟石块、树木等杂物,对山下村落、道路造成冲击,严重威胁人民群众的生命财产安全。

第八节　小　结

以 MapGIS、ArcGIS 地理信息系统为平台,通过地形地理图层、地质背景图层、地质灾害与地质灾害隐患专题图层等多图层多要素的空间叠加与综合分析研究,分析了研究区地质灾害与引发因素的相关性。

1. 地质灾害与气象的相关性

年均降水量与地质灾害应该呈正相关关系,地质灾害整体集中发育于年均降水量小于1000mm的区域,其中700～1000mm的区域地质灾害发育最多,占灾害总数的69.23%,并以滑坡为主,且灾害点密度随降水量的增大呈减小趋势。这种反常现象主要归因于地形地貌与人类工程活动。年均降水量较小的地区地貌类型以低山丘陵为主,工程活动强烈,地质灾害发育,而年均降水量较大的地区以不适宜人类居住的高中山地貌类型为主,人口密度小,人类工程活动弱,地质灾害点发育较少。

2. 地质灾害与地形的相关性

秦巴山区地形起伏大,地势险峻,高山深谷错综复杂。地形在很大程度上决定了滑坡、崩塌等地质灾害的倾角:72.38%的滑坡倾角范围在20°～40°内;48.00%的崩塌倾角在40°～60°范围内,小于20°倾角的崩塌基本不发生。

3. 地质灾害与地貌的相关性

(1)高山和高中山地貌区是泥石流集中发育区。区内发育地质灾害隐患885处,占总数的10.81%。全区发育486处泥石流隐患,该区分布170处,数量最多,占泥石流总数的34.98%。

(2)中山地貌区是崩塌、滑坡、泥石流集中发育区。区内发育地质灾害隐患2135处,占总数的20.08%。全区崩塌、滑坡、泥石流均匀分布,其中崩塌隐患总数134处,次于低山丘陵区和黄土台塬区,占崩塌总数的19.51%;滑坡隐患总数1823处,仅次于低山丘陵区,占滑坡总数的26.27%;泥石流隐患总数165处,仅次于高山和高中山地貌区,占泥石流总数的33.95%。

(3)低山丘陵区是崩塌和滑坡集中发育区。区内发育地质灾害隐患4274处,占总数的52.20%。研究区有6940处滑坡,本区发育3914处,数量最多,占滑坡总数的56.40%;研究区有687处崩塌,本区发育195处,数量最多,占崩塌总数的28.38%。

(4)黄土台塬区是崩塌集中发育区。研究区内北部东西两侧在宝鸡市金台区和渭南市潼关县等地区有黄土台塬分布,发育地质灾害隐患460处,占总数的5.62%。该区是崩塌集中发育区,仅次于低山丘陵区,全区发育的687处崩塌隐患点中该区分布167处,占崩塌总数的24.31%。

(5)盆区内地质灾害不发育。研究区有汉中盆地、西乡盆地、安康盆地、商丹盆地、洛南盆地、太白盆地。盆地内普遍分布有一级到四级阶地。该区地形平坦开阔,土壤肥沃,是秦巴山区工农业生产的主要地区。区内地质灾害不发育,分布地质灾害433处,占总数的5.29%。

4. 地质灾害与地层的相关性

研究区地质灾害与第四系、泥盆系、志留系、三叠系相关性最好,这与其黏土及砂岩、灰岩、千枚岩、灰岩物质组成有关。第四系以松散堆积物为主,结构松散岩层是各类地质灾害的高发区;砂岩抗风化能力较强,常形成陡坡、陡崖;灰岩抗风化能力差,极易产生滑坡、崩塌、泥石流等灾害;以灰岩、白云岩和碎屑浊积岩为主,易形成不稳定斜坡。秦巴山区地质灾害总体上在紫阳-平利小区、徽县-旬阳分区、金堆城小区集中分布,其分布密度分别为 21.07 处/100km^2、10.22 处/100km^2、8.02 处/100km^2。

5. 地质灾害与岩土体结构的相关性

斜坡体上二元结构的地层结构不可忽视。如前述"8·12"滑坡地层倒转,上部为坚硬白云岩,下部为软弱的碳质板岩,二者之间构成了滑动面。泥石流通常是松散堆积物在相对坚硬稳定坡体或岩土体上发生,这些也都是地质灾害隐患巡查、排查、调查和监测的重点。

6. 地震与地质灾害的相关性

二者有非常明显的正相关性,主要表现在与地震动峰值加速度的关系上,灾害随地震动峰值加速度的增加而逐渐严重。秦巴山震区存在 0.20g 的峰值加速度分界线,大于此值时,地震滑坡灾害发生的可能性较大;小于此值时,地震引发滑坡的可能性小。

7. 地质灾害与地质构造的相关性

(1) 与一级构造单元的相关性:秦岭褶皱构造单元与扬子准地台结合部位是地质灾害隐患最为发育的区域,以紫阳县最具代表性。

(2) 与二级构造单元的相关性:南秦岭印支断褶带共发育 2760 处,占滑坡总数的 39.77%;崩塌集中在北秦岭加里东褶皱带共 212 处,占崩塌总数的 30.86%;泥石流集中分布在南秦岭印支断褶带共 172 处,占泥石流总数的 35.39%。也就是说,南秦岭印支断褶带内滑坡泥石流发育、北秦岭加里东褶皱带崩塌地质灾害发育。

(3) 与深大断裂的相关性:F_{13}~F_{21} 和 F_{27} 两侧 1km 范围内灾害点密度均大于 10 处/100km^2,其中断裂 F_{20} 的灾害点密度最大,达 27.1 处/100km^2,灾害以滑坡为主。滑坡占该区灾害总数的 87.03%,分布密度为 23.58 处/100km^2。

8. 地质灾害与地表水的相关性

秦巴山区长江水系有汉江、嘉陵江、丹江、旬河、金钱河、洛河等支流流域。其中,汝河流域灾害点密度最大,地质灾害沿汉江、嘉陵江、丹江两岸一定影响范围呈带状分布。

9. 地质灾害与人类工程活动的相关性

地质灾害与人类工程活动相关性较好,仅次于降水与地震。与地质灾害有关的人类工程活动主要包括道路建设、矿山开采、城市建设、陡坡垦殖等。

第四章　地质灾害监测技术研究

地质灾害监测预警作为地质灾害防治的重要措施，越来越受到人们的重视。地质灾害监测的主要任务为：监测地质灾害时空域演变信息、引发因素等，最大限度地获取连续的空间变形数据等，并应用于地质灾害的稳定性评价、预测预报和防治工程效果评估。地质灾害监测的目的是：及时掌握灾害体变形动态，分析其稳定性，超前做出预测预报，防止灾难发生；为灾害治理工程等提供可靠资料和科学依据；为相关部门在地质灾害易发区的经济建设、环境治理等方面的规划和决策提供基础依据；向全社会提供崩塌、滑坡监测信息服务。

地质灾害监测是集地质灾害形成机理、监测仪器、时空技术和预测预报技术于一体的综合技术。当前地质灾害的监测技术方法研究与应用多是围绕崩塌、滑坡、泥石流等突发性地质灾害进行的。在布设监测设备时需要与实际地形地貌、地层岩性相结合，科学地、有效地进行地质灾害监测，地质灾害监测是集多种学科于一体的综合技术体系，应以科学发展观实施地质灾害监测和技术开发。只有充分掌握地质灾害的物质组成、动力成因类型、变形破坏特征、外形特征、发育阶段等因素，依据不同监测技术方法的应用特点，做好监测技术的优化工作，才能保证监测效果。只有充分把握地质灾害的形成发展规律，才能正确把握技术开发的方向。从21世纪初开始，区域性的滑坡、泥石流监测预警工作在我国逐渐开展，全国各地相继开展专业性的地质灾害监测预警工作，逐步将遥感技术、GNSS、InSAR技术应用于监测预警系统中，以提高监测的精准性。

本章针对不同灾种进行了相应的监测技术分析，滑坡灾害的监测主要体现在对地面位移、应力应变、降水量的监测上，泥石流灾害的监测主要体现在对泥位、次声、地声的监测上。

第一节　监测方法适用性研究

一、地质灾害监测技术现状

近年来，地质灾害常规监测方法技术趋于成熟，设备精度、设备性能都达到很高水平，高精度位移监测方法可以实现0.1mm精度。随着光学、电学、信息学、计算机技术和通信技术的发展，监测内容和手段越来越多，监测技术方法有向高精度、自动化、实时化发展的趋势。调查与监测技术方法的融合，地球物理勘探技术向二维、三维采集系统发展，监测方法趋于多样化、三维立体化。

随着新技术的不断发展，一些新技术如三维激光扫描、时域反射技术（TDR）、合成孔径干涉雷达（InSAR）、核磁共振技术（NUMIS）、光纤应变分析、云计算等也相继应用于地质灾害监测中。随着智能传感器的发展，集多种功能于一体、低造价的地质灾害监测智能传感器将逐渐改变传统的点线式空间布设模式。由于可以采用网式布设模式，且每个单元均可以采集多种信息，最终可以实现近似连续的三维地质灾害信息采集。

秦巴山区地质灾害分布最广、数量最多、机理复杂而且引发因素各不相同，为提高地质灾害监测技术和手段的适用性和有效性，找到有效的隐患点识别技术方法，针对不同的灾害类型找到不同的监测预警技术是十分及时和必要的。

二、滑坡主要监测技术方法

滑坡的引发因素很多，目前我国大部分滑坡最主要的引发因素是降水，其次为地震，降水入渗对滑坡的稳定性影响更为重大，因此降水是滑坡监测预警的重要工作对象。前人针对滑坡降水量临界值均有不同程度的研究，基本基于统计学、概率学理论对往年滑坡灾害发生与降水量之间的关系进行分析，从而得出统计意义上的降水量临界值，以便对不同危险级别的滑坡进行监测及预警。除了对降水量的监测之外，位移监测、地下水监测、外部引发因素监测也是必不可少的。

（一）位移监测

1. 地面绝对位移监测

地面绝对位移监测是最基本的常规监测方法，应用大地测量法来测得滑坡测点在不同时刻的三维坐标，从而得出测点的位移量、位移方向与位移速率。主要使用经纬仪、水准仪、红外测距仪、激光仪、全站仪和高精度北斗定位等；利用多期遥感数据或 DEM 数据也可对滑坡灾害体进行监测；还可利用合成孔径干涉雷达（InSAR）测量技术进行大面积的滑坡监测，实践证明 InSAR 技术在川西高陡山区判定新滑坡时具备良好的功效。视频监测是近期发展的一种滑坡监测技术，可以通过定点照相或录像，监测滑坡的整体或局部变化情况，其原理是通过数字图像处理方法识别标志点，从而实现视频数据中灾害体的自动识别，并判断规模大小。

2. 地面相对位移监测

地面相对位移监测是量测滑坡变形部位点与点之间相对位移变化的一种监测方法，主要对裂缝等重点部位的张开、闭合、下沉、抬升、错动等进行监测，是位移监测的重要内容之一。目前常用的监测仪器有振弦位移计、电阻式位移计、裂缝计、变位计、收敛计、大量程位移计等，随着新技术的不断发展，BOTDR 分布式光纤传感技术在滑坡监测中的初步应用，三维激光扫描仪进行滑坡体表面监测并与北斗定位、全站仪等数据相结合，使滑坡监测数据精度不断提高。特别是在滑坡急剧变形阶段，过大的变形会破坏各种监测设施，在这种情况下采用三维激光扫描测量来快速建立滑坡监测系统，可以满足临滑预报要求。

3. 深部位移监测

深部位移监测是先在滑坡等变形体上钻孔并穿过滑带以下至稳定段，定向下入专用测斜管，管孔间环状间隙用水泥砂浆（适用于岩体钻孔）或砂土石（适用于松散堆积体钻孔）回填固结测斜管，下入钻孔倾斜仪，以孔底为零位移点，向上按一定间隔测量钻孔内各深度点相对于孔底的位移量。常用的监测仪器有钻孔倾斜仪、钻孔多点位移计等。

（二）应力应变监测

1. 应力监测

因为在地质体变形的过程中必定伴随着地质体内部应力的变化和调整，所以监测应力的变化是十分必要的。常用的仪器有锚杆应力计、锚索应力计、振弦式土压力计等。

2. 应变监测

应变监测仪器埋设于钻孔、平硐、竖井内，监测滑坡、崩塌体内不同深度的应变情况。可采用埋入式混凝土应变计,它是一种钢弦式传感器或管式应变计。

3. 地下水监测

地下水是对滑坡的稳定状态起直接作用的最主要因素,所以对地下水位、孔隙水压力、土体含水量等进行监测十分重要。常用的监测仪器有水位计、渗压计、孔隙水压力计、TDR 土壤水分仪等。

4. 外部触发因素监测

地质灾害的触发因素一般有地震、降水、冻融、人类活动等。

(1)地震监测:地震一般由专业台网监测。当地质灾害位于地震高发区时,应经常及时收集附近地震台站资料,评价地震作用对区内崩滑体稳定性的影响。

(2)降水量监测:降水是触发滑坡的重要因素,因此雨量监测成为滑坡监测的重要组成部分,已成为区域性滑坡预报预警的基础和依据。现阶段一般采用自动雨量计进行监测,其技术已较成熟。

(3)冻融监测:在高纬度地区,冻融作用也是触发地质灾害的因素之一,如陕北很多黄土滑坡和崩塌就发生在春季冻融之际。对于冻融触发的地质灾害,目前还没有好的专业性监测仪器,可通过地温计结合孔隙水压力计监测,研究地温变化与冻结滞水之间的关系。

(4)人类活动监测:人类活动如矿山开采、削坡建房、坡顶加载等往往引发地质灾害,应监测人类活动的范围、强度、速度等。

三、泥石流主要监测技术方法

泥石流按流域地貌形态分为沟谷型和坡面型泥石流,沟谷型主要沿狭长状沟谷形成,规模普遍较大;坡面型沿山坡坡面形成,沟短坡陡,规模较小。暴雨是泥石流发生的主要引发因素,因此泥石流的发生具有季节性和周期性,泥石流预报的时间尺度是泥石流预报的核心,从泥石流发生条件方面考虑,把泥石流的预报时间尺度同水文气象部门的天气预报尺度相联系,以基本要素的信息变化作为依据,把泥石流预报分为长期预报、中期预报、短期预报和临警报几个阶段。长期预报是数月到数年的趋势预测,一般不太能引起人们的重视。中期预报分季、月、旬几种尺度,主要依据气象部门对天气气候的相同尺度预报信息,属于险情预报,可以在较大范围内提醒人们提前做好防灾工作。短期预报是指数小时到 3 天内的预报,是以气象部门的短期天气过程持续时间、雨团活动和重要天气消息为依据,属防灾预报,广大群众非常关心。临警报指零小时到数小时内的预报,依据每小时的雨量图、雨势情报、危险前兆、监测仪器制订依据,属临灾预警,对城镇、工矿和交通运输部门的泥石流临灾避难与救助有重要意义。

1. 接触型警报传感器

通过量测传感器(安装在泥石流断面侧壁的盆形凹槽里)被泥石流体淹没之前的高电位及传感器被泥石流体淹没后沟通的电流从变压器流经限流电阻、传感器、泥石流体、接地极又回到变压器的回路电压,借助于两者的显著差异,来判别传感器是否被淹没,从而确定和发布泥石流是否发生及发生的规模。

2. 超声波泥位报警

考虑到泥石流流深能直观地反映泥石流规模大小和可能危害程度,利用回声测距的原理,测得传感器断面的泥石流流深。

3. 遥测地声警报

泥石流运动过程中摩擦、撞击沟床和岸壁而产生的振动,并沿沟床方向传递,被称为泥石流地声。泥石流地声的信号具有一狭窄的频率范围,且其卓越频率较其他频率成分(环境噪声)至少高出 20 分贝。另外,地声信号的强度与泥石流规模成正比。利用泥石流地声的这些特点,即可通过信号接收与转换,对泥石流实施报警。报警装置自收到泥石流的声信号开始报警,泥石流停歇,信号消失,因而从原理上消除了错报、漏报的可能。

4. 泥石流次声报警器

泥石流次声报警器是通过捕捉泥石流源地的次声信号而实现预警的。次声信号以空气为介质传播，速度约344m/s，其信号极小衰减并可通过极小缝隙传播。据观测，其警报提前量至少10min，最多可达30min以上。

此外，近年来我国学者已注意到新技术新方法在泥石流预测预报中的应用，使用遥感技术、灰色系统理论、专家系统判别技术、信息处理技术、计算机仿真和人工神经网络方法等进行了泥石流监测。

秦巴山区地质灾害分布最广、数量最多，而且引发机理各不相同，为提高地质灾害监测技术和手段的适用性和有效性，找到有效的隐患点识别技术方法，针对不同的灾害类型找到不同的监测预警技术是十分及时和必要的，为此本书深入开展了低频泥石流和高频泥石流监测技术适用性的研究。

第二节　堆积层滑坡监测技术

堆积层滑坡滑体物质由第四系坡积物、残积物、粉土、粉质黏土及岩屑碎石组成，是秦巴山区分布最广、数量最多、发生频率最高的滑坡类型。该类滑坡形态明显、完整，滑面多位于堆积层与下伏基岩分界面处或堆积层内部，大多数处于初期蠕动变形阶段，引发因素主要为暴雨或连阴雨，突发性强是其灾变的主要特点。堆积层滑坡坡体孔隙比大、透水性强、易变形，而下伏基岩的透水性相对很弱，因而在发生大气降水或地下水补给时，常常在基岩面附近大量积水，形成暂时性的含水层或者地下水位变幅带，致使斜坡坡体水动力突然增大及松散堆积物底层强度大幅度降低，从而导致滑坡发生。该类滑坡体物质构成与结构的特殊性决定了该类滑坡在临滑前往往具有显著的位移与缓变失稳特征和规律，也决定了降水及地下水的作用常常是导致其失稳的最主要动因。因此，对堆积层滑坡的监测技术需要从位移、降水量、地下水监测3个方面入手，并且对较大裂缝处需布设连续位移监测设备，以达到全面深入监测的目的。

一、王洼滑坡

王洼滑坡位于商洛市商州区杨峪河镇民主村低山丘陵地带，地理坐标为东经109°51′45″，北纬33°54′36″，自然坡度为7°～12°，坡面人口密集，坡体植被较发育，多被垦为农田。滑坡宽约340m，长约570m，平均厚度约5.5m，体积约为$106×10^4 m^3$，滑体岩性为第四系坡残积粉质黏土夹碎石土，滑床岩性为二叠系泥岩、页岩互层，中风化—强风化，属于大型堆积层滑坡。

(一) 王洼滑坡特征

该滑坡周界清晰，后壁"圈椅状"特征明显(图4-1)，坡体左侧壁及后壁清晰，左侧壁为冲沟，冲沟外侧为基岩，右侧壁由于修筑道路等原因，为不连续的基岩陡坎。坡体中后部多处形成拉张裂缝，由于耕种及修建房屋等人类活动，大多数裂缝已被填平。由于坡体蠕动变形，在坡体上形成多处错坎，坎高0.2～1m。坡体变形部位均为向沟道内侧倾向滑动，后缘形成椭圆形拉张裂缝，多处贯通。根据现场调查和访问，东侧坡体多年来变化轻微，无裂缝出露，错坎迹象湮灭；靠西侧的坡体有一条羽状裂缝带发育，造成多处路面和房屋开裂，错坎明显。据群测群防员介绍，2011年至今该裂缝变化明显，已导致多处房屋开裂或损毁，现场调查认为，推移式滑坡的特征明显。

该滑坡隐患点威胁民主村九组、十组、十一组村民、耕地等生命财产安全。

| 王洼滑坡全貌 | 圈椅状后壁 | 后缘拉张裂缝 |
| 基岩出露 | 滑坡前缘出露的泉点 | 民房开裂 |

图 4-1　滑坡变形特征

(二)具体监测内容

1. 监测方案提出

王洼滑坡具有滑坡体厚度小埋藏深度浅(小于10m)、后缘拉张裂缝明显、滑体与下伏基岩面水的润滑作用明显等特点。降水是主控因素,而低山丘陵区地貌控制作用不明显,该滑坡是秦巴山区最典型的残坡积层滑坡中的一种。本书针对秦巴山区这类滑坡的特点,构建了地表相对位移+图像抓拍监测、地下土壤含水率+孔隙水压力+地下水动态监测、降水量监测相组合的监测预警技术,构建了地质灾害动态监测软件子系统,实现了远程预警发布子系统,监测数据实现省→市→县互联互通(图4-2)。

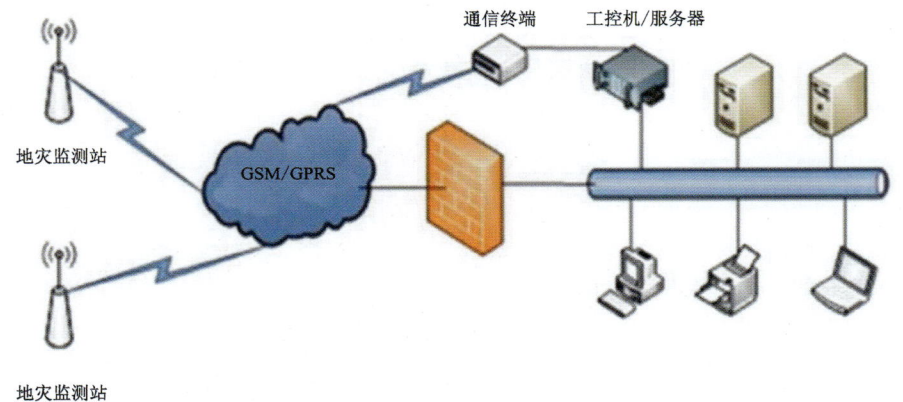

图 4-2　监测系统总体建设组网图

2. 相对位移监测

在滑坡体裂缝位置即产生相对变化的位置,监测其相对位移量,对于局部滑坡、整体滑坡变化有直观的监测效果。

(1)测点布置:滑坡体前缘、中段、后缘均有裂缝分布,尤其在滑坡后缘两侧呈羽状展布且各裂缝连贯性很强,最长裂缝可达到200多米,近年裂缝出现的新迹象、宽度都有所增加。裂缝相对位移监测设备主要集中在滑坡右侧裂缝相对密集的区域,其次布设在后缘左侧。共布设6个监测站点,监测站点名称分别为G1、G2、G3、G4、G5、G6(图4-3~图4-5,表4-1),实现自动化监测。数据实时传输至中心控制室,以实现实时监测、实时分析、数据存储、管理、浏览及分析预警等功能。

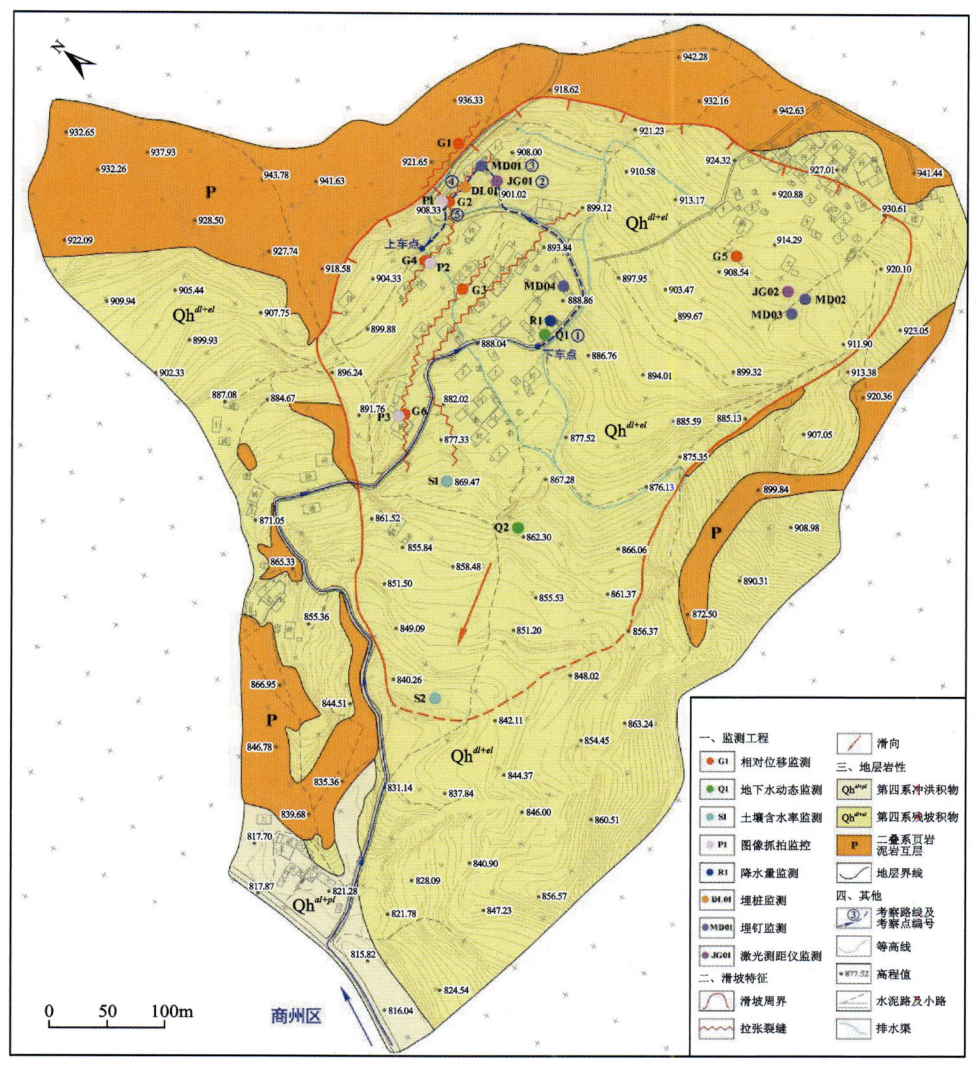

图 4-3 王洼滑坡监测站点分布图

图 4-4 G1 监测站点图

图 4-5 G2 监测站点图

表 4-1 王洼滑坡监测站点信息汇总表

序号	编号	站名	坐标 N	坐标 E	安装深度	站号	责任人联系方式	备注 站名	备注 控制器卡号	备注 摄像机卡号
1	G1	裂缝监测 G1	33°54′18.8″	105°51′23.6″	地表下 0.8m	30051	—	—	—	—
2	G2	裂缝监测 G2/图像抓拍监测 P1	33°54′17.8″	109°51′21.3″	地表下 0.8m	30052	—	含视频监测(王洼视频抓拍 P1)	—	—
			33°54′17.8″	109°51′21.3″	地表上 3m	30053				
3	G3	裂缝监测 G3	33°54′16.6″	109°51′17.1″	地表下 0.8m	—	—	—	—	—
4	G4	裂缝监测 G4/图像抓拍监测 P2	33°54′17.5″	109°51′19.8″	地表下 0.8m	30056	—	含视频监测(王洼视频抓拍 P2)	—	—
			33°54′17.5″	109°51′19.8″	地表上 3m					
5	G5	裂缝监测 G5	33°54′14.9″	109°51′30.1″	地表下 0.8m	30058	—	—	—	—
6	G6	裂缝监测 G6/图像抓拍监测 P3	33°54′15.5″	109°51′14.4″	地表下 0.8m	30057	—	含视频监测(王洼视频抓拍 P3)	—	—
			33°54′15.5″	109°51′14.4″	地表上 3m					
7	Q1	地下水监测 Q1	33°54′13.3″	109°51′19.3″	地表下 6.7m	30001	—	—	—	—
8	Q2	地下水监测 Q2	33°54′11.3″	109°51′11.5″	地表下 5.4m	30002	—	—	—	—
9	S1	含水监测 S1	33°54′14.0″	109°51′12.7″	S1-1 地表下 0.5m / S1-2 地表下 0.8m / S1-3 地表下 1.1m	30001	—	—	—	—
10	S2	含水监测 S2	33°54′12.7″	109°51′04.9″	S2-1 地表下 0.5m / S2-2 地表下 0.8m / S2-3 地表下 1.1m	30002	—	—	—	—
11	R1	降水量监测 R1	33°54′13.5″	109°51′20.4″	邵汉民家房顶	30001	—	—	—	—
12	Y1	预警机	33°54′13.5″	109°51′20.4″	邵汉民家	30001	—	—	—	—

(2)阈值设置:监测对象为地面产生的裂缝,预警对象为裂缝在滑坡变化时产生的累计相对位移量。初步把系统报警阈值设置为0.5~1cm/d,在后期的运行过程中可根据实际情况进行相应的调整。

3. 地下水位监测

(1)监测目的:监测滑坡体地下水位埋深的动态变化状况,以量化的目的判断浅层地下水位对滑坡层润滑作用的影响,这是预判滑坡体滑动状况的重要手段之一;监测其埋深的变化情况,是实时掌握滑坡体潜在危险因素的主要依据,也是研究不可缺少的宝贵数据。

(2)测点布置:地下水的埋深监测沿滑坡体滑动方向,选择一个断面布设,分别布设在靠近前缘、中段位置,用于监测滑坡体地下水位埋深动态变化情况,共布设2个监测站点,即Q1、Q2(图4-6、图4-7),埋藏深度大于目前地下水位埋深,即6m左右,各测点布设一支传感器。通过数据远程遥测单元采集并将数据无线发送至中心控制室,实现数据的远程实时传输、存储、管理、分析、浏览及预警功能。

图4-6　Q1和R1监测站点图　　　图4-7　Q2监测站点图

4. 含水率监测

(1)监测目的:通过实际的调查与勘查,处于中段的几户受威胁住户家内地面潮湿,浅层水是影响滑坡体不稳定的主要因素。通过设置测点,监测土壤含水率状况,研究掌握降水量、地下水、土壤抗剪强度,是判定滑坡安全与否的重要指标,也是研究滑坡成因的主要手段之一。

(2)测点布置:沿滑坡体滑动方向布设一条纵向监测断面,在断面上的前缘和中段位置分别设置一个含水率测点,共布设2个含水率测点,即S1、S2(图4-8、图4-9),含水率各测点采用传感器级联方式布设,每个测点布设3支传感器,便于观测不同深度土壤含水状况,每个测点分别布设深度为0.5m、0.8m、1.1m。利用数据遥测单元,将传感器采集的数据远程传输至中心控制室,实现数据远程传输、采集、存储、浏览、分析、管理和预警功能。

5. 降水量监测

(1)监测目的:滑坡隐患点险情频发,且大多是在汛期,降水量是导致灾害发生的直接因素。通过对滑坡区域内的降水量,展开针对性的高精度监测,可提高防灾减灾管理依据,也是滑坡区域内避免灾害发生的重要监测要素之一。

(2)测点布置:坡体区域内,布设1个降水量监测一体站,位于群测群防员邵汉民家房顶,编号R1,实现对区域内降水监测,并实现将监测数据远程传输、存储、浏览、分析、管理及远程中心控制室预警和现场仪器报警等功能。

图 4-8　S1 监测站点图　　图 4-9　S2 监测站点图

6. 图像抓拍监测

(1)实施目的:在地质灾害监测领域,目前尽管技术比较成熟,但手段单一,与复杂的地质灾害成因相比,监测手段的全面性、可行性、适应性远远不够。因此,在地质灾害领域多研究新技术、新方法、低成本的技术手段,从而达到监测预警、研究地质灾害等目的,也是将地质灾害监测预警系统全面推广的主要因素。

(2)测点布置:在地质灾害监测中,由于灾害点大多位置比较偏远,地处深山老林,实现视频监控来直观地观测地质灾害隐患点,大量、高清的流量数据是制约其传输的主要因素,通过设置3套图像抓拍系统 P1、P2、P3(图 4-10、图 4-11)与裂缝自动监测测站联动相结合,实现了监测意义上的地质灾害隐患点实时图像传输功能。

图 4-10　P2 监测站点图　　图 4-11　P4 监测站点图

7. 预警机监测测点

滑体区域内布设1个预警机监测站,位于群测群防员家,实现对地质灾害监测系统综合预警或收到远程预警信息后,通过健全的预警机制,及时、有效地发布预警信息。发布预警信息的方式有4种:现场测站仪器预警、中心控制室声光报警器预警、监测员及相关人员手机短信预警、现场预警机预警。

预警机预警功能为：通过软件发送短信方式可启动现场预警机，使预警机将短信转为语音播报，也可利用预警机远程喊话撤离等。预警机播报声音应完全覆盖方圆2km范围。

(三) 预警系统功能

监测预警系统功能主要分为以下几部分。

(1) 对滑坡体动态监测如相对位移监测、地下水动态监测、降水量监测、土壤含水率监测等自动化监测的数据应实时采集、传输、存储、分析、管理，实现自动化监测，实时数据传输至中心控制室，实时掌握地质灾害隐患点的安全状态。

(2) 自动化测站系统具备召测式和自报式两种方式，即可按设定的方式自动进行定时测量或接收命令进行选点、巡回监测及定时监测。

(3) 接入监测系统的传感器结构简单，传动部件少，易维修，可靠性高，稳定性好，系统具备在各种天气气候条件下全天候监测功能，具备网络数据通信与远程数据通信功能。

(4) 自动化监测设备应实现地灾点监测数据"一发四收"功能，发送至县级监测中心、市级监测中心（预留发送接口）、省级监测中心（预留发送接口）及企业远程维护中心（图4-12）。

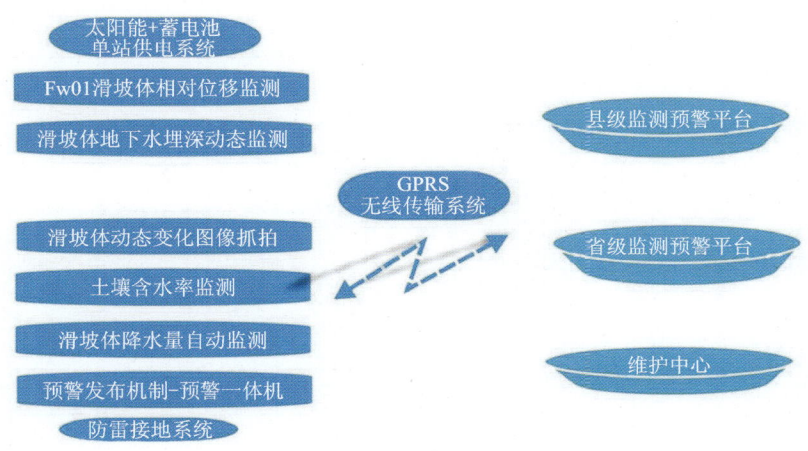

图4-12　系统总体建设结构图

(四) 监测预警结果

1. 相对位移监测结果

通过对相对位移监测点G1～G6的2016年趋势曲线图（图4-13～图4-18）的分析可以得出以下结果。

(1) G1监测点2016年2—10月累计变形维持在109mm左右，几乎无变化。由此表明，G1监测点在2016年内没有明显的相对位移变化，处于稳定状态。

(2) G2监测点在2016年2—10月并无太大变形，月累计变形稳定在167～168mm之间，但是11月累计变形出现骤降，达到157mm左右，表明在11月G2监测点出现较明显位移变形，并且12月并无明显位移减小或变大现象，因此G2监测点处于较稳定状态，在连阴雨或者强降水天气可能会产生较大的位移变形。

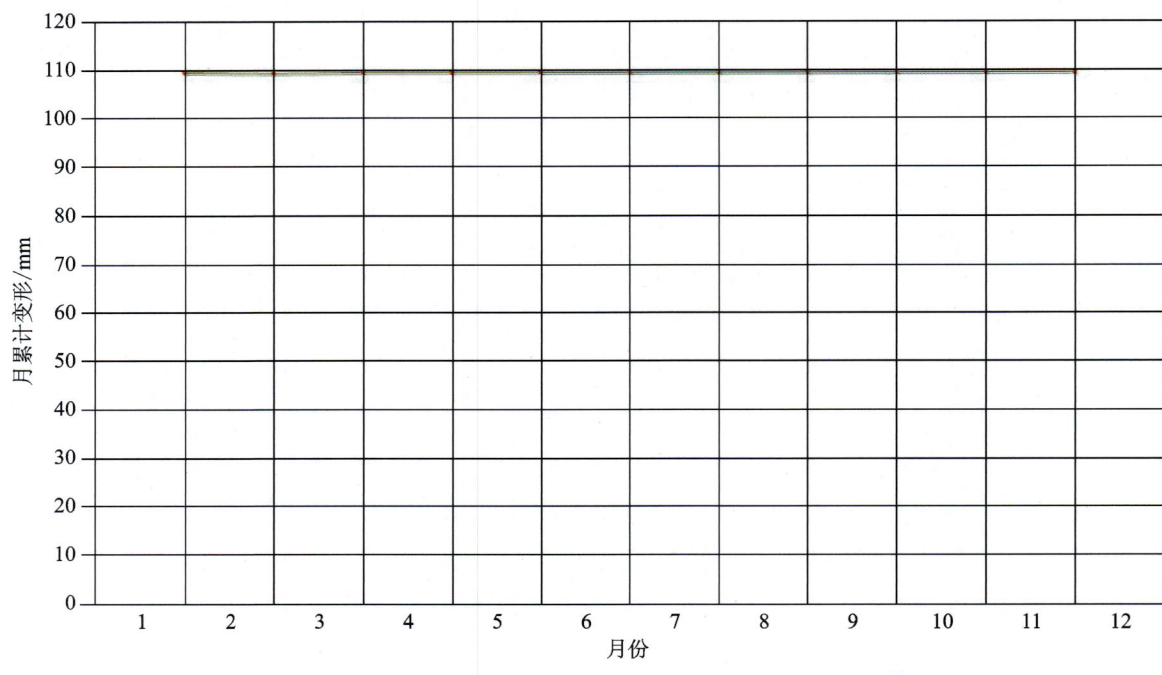

图 4-13　王洼裂缝监测 G1 站 2016 年变形趋势分析曲线图

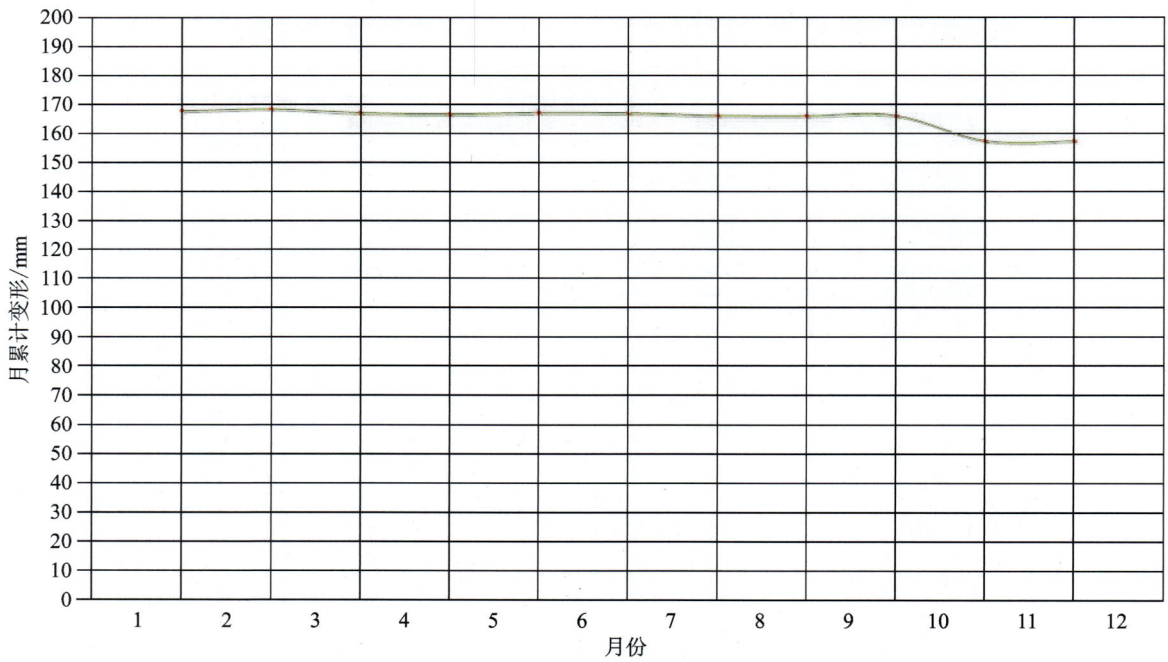

图 4-14　王洼裂缝监测 G2 站 2016 年变形趋势分析曲线图

(3)G3 监测点在 2016 年 6 月累计变形达到极小值 91mm,并且从 2 月呈现出相对位移逐步缩小的趋势,并无骤降,为一长期的变形过程,但在 7 月相对位移累计变形骤升至 96mm 左右,并在 7—12 月保持不变,表明 G3 监测点在 2016 年的相对位移变化是比较明显的,处于较稳定状态。

(4)G4 监测点在 2016 年 3 月有 7mm 左右的正变形,随后趋于稳定直至 10 月又有 3mm 左右的正变形,最初的 170mm 变形至 180mm,总变形量 10mm,属于较稳定状态。

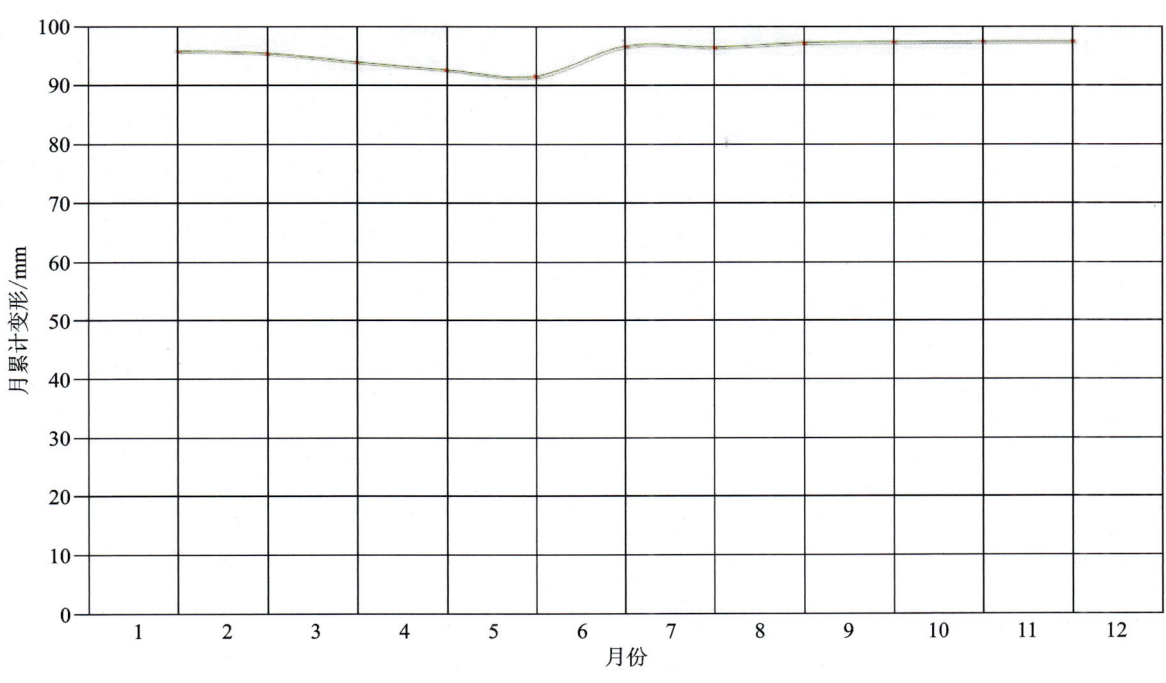

图 4-15　王洼裂缝监测 G3 站 2016 年变形趋势分析曲线图

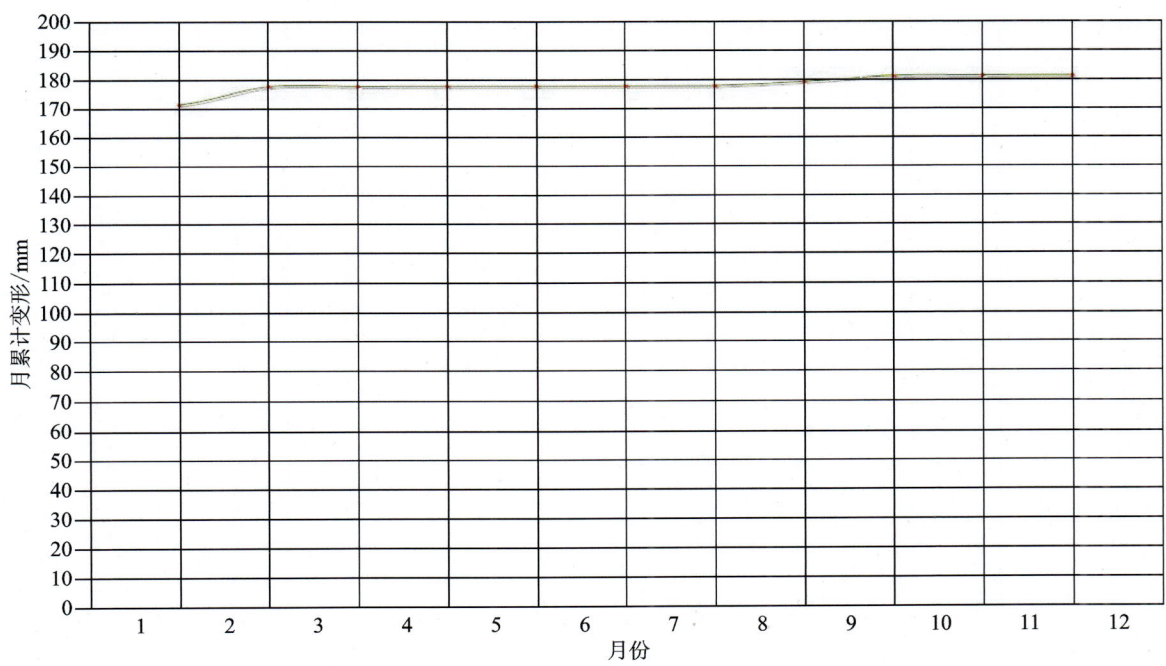

图 4-16　王洼裂缝监测 G4 站 2016 年变形趋势分析曲线图

(5) G5 监测点 2016 年 4 月的变形由最初的 105mm 左右逐步减小到 96mm 左右,随后趋于稳定,全年累计变形为 9mm 左右,属于较稳定状态。

(6) G6 监测点 2016 年的变形体现在 2—9 月持续地减小,由最初的 195mm 减小至 190mm,而后趋于稳定,累计变形 5mm 左右,处于稳定状态。

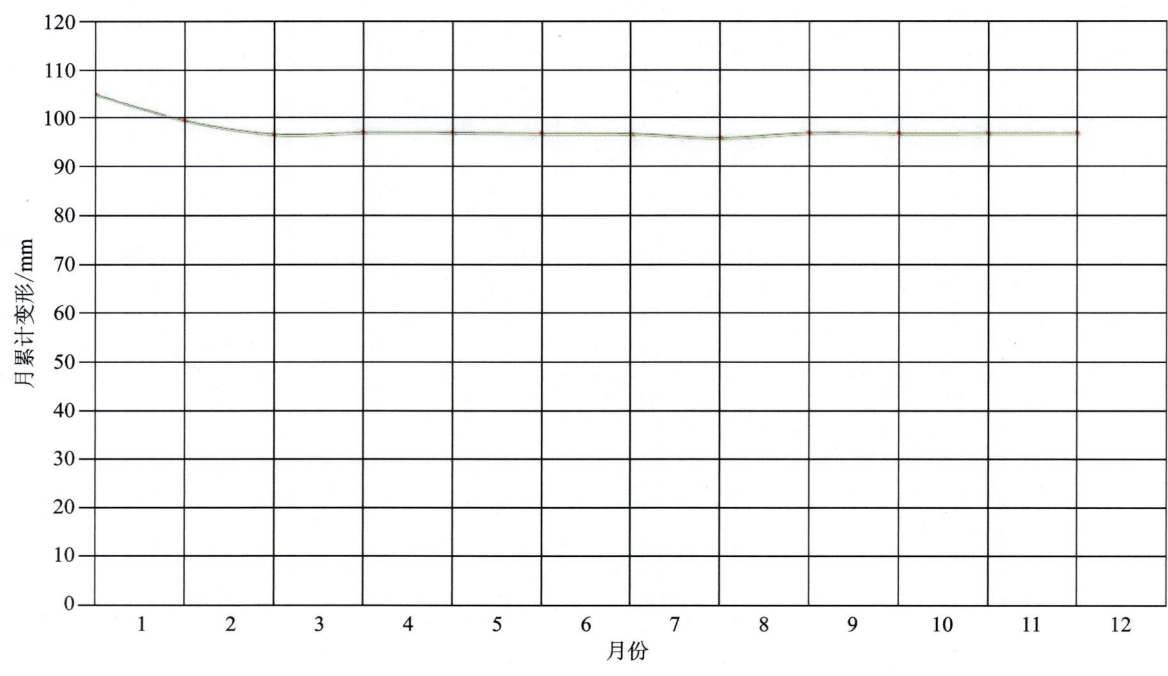

图 4-17　王洼裂缝监测 G5 站 2016 年变形趋势分析曲线图

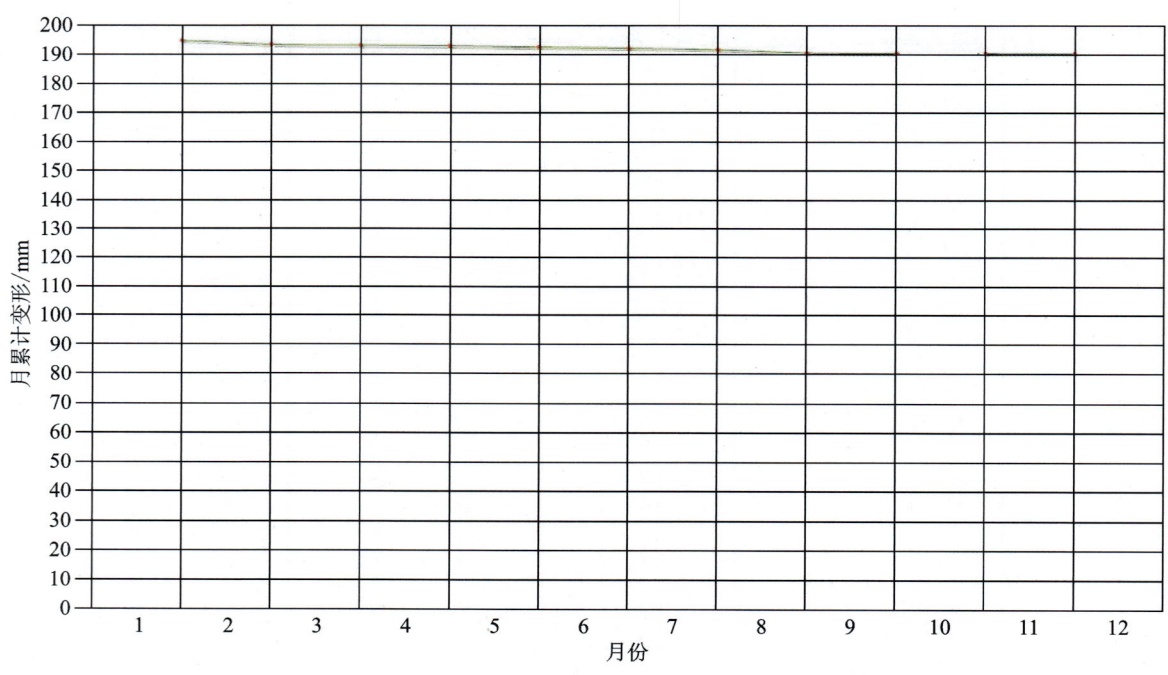

图 4-18　王洼裂缝监测 G6 站 2016 年变形趋势分析曲线图

综上所述,6 个监测点的相对位移监测值都远远小于报警阈值(设置为 0.5~1cm/d),基本趋于稳定。在后期的相对位移监测中需要对 G2~G5 监测点进行更紧密的监测,一旦发现其有较大位移变形则需采取相应应急手段,以确保监测位移点的稳定性,从而确保滑坡的稳定性。

2. 地下水动态监测结果

通过对地下水位动态监测 Q1~Q2 站点的 2016 年趋势曲线图(图 4-19、图 4-20)分析可以得出:①Q1 监测点 2016 年月累计水位由 2 月的 260mm 逐步增加至 4 月的 425mm,之后基本稳定在 425~

430mm 之间,无太大起伏变化;②Q1 监测点 2016 年 9 月累计水位达到最大值为 470mm 左右;③Q2 监测点在 2016 年由 2 月的 270mm 以每月 20mm 左右的速度呈正比例增长至 10 月的 385mm,之后稳定在 385mm 左右。

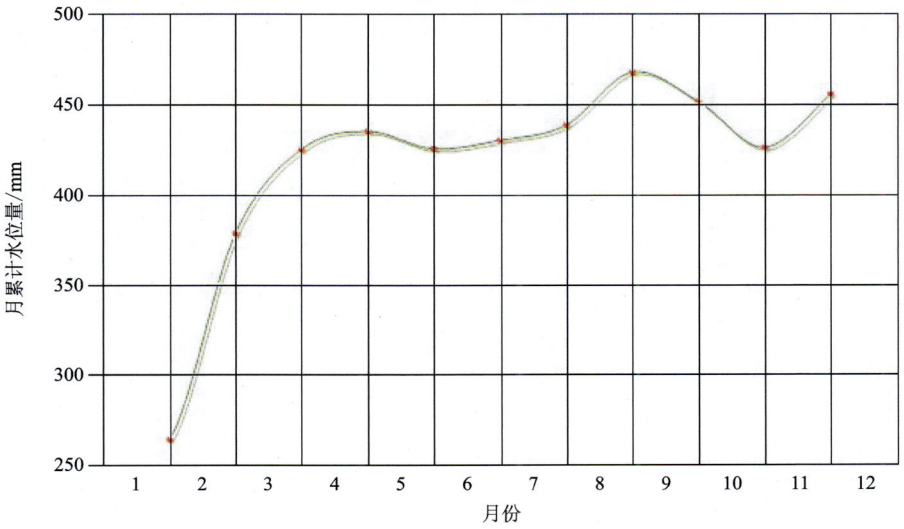

图 4-19 王洼滑坡地下水位 Q1 站 2016 年地下水位趋势分析曲线图

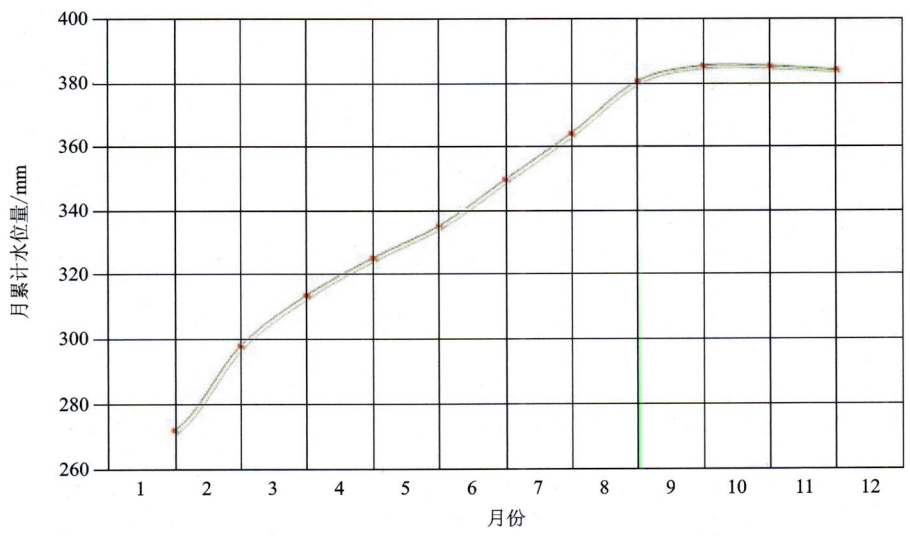

图 4-20 王洼滑坡地下水位 Q2 站 2016 年地下水位趋势分析曲线图

地下水位整体变化趋势符合季节特性,显著变化发生在 3 月和 9 月。相对位移监测数据结果表明,位移变形的时间主要集中在 3—6 月、9—10 月两个时间段。因此,地下水位对滑坡体稳定性的影响起着重要作用,需在后期的监测中密切关注降水量较大的月份,在监测地下水位变化的同时结合相对位移监测数据进行对比分析,做好预测预警工作。

3. 降水量监测结果

通过对降水量监测 R1 站点 2016 年变化趋势曲线图(图 4-21)分析可以得出:R1 监测点在 2016 年降水量的变化主要发生在 5 月、7 月、9 月,其中 5 月降水量最大达到 100mm,这与地下水位监测数据和相对位移监测结果匹配,表明在月降水量大的月份地下水位值较大,进而导致位移量变化。降水量是滑坡的主要影响因素,在后期的监测预警工作中需要对降水量大的月份进行野外实时监测,结合室内监测数据,一旦发现有变形滑移现象则需要及时采用应急方案。

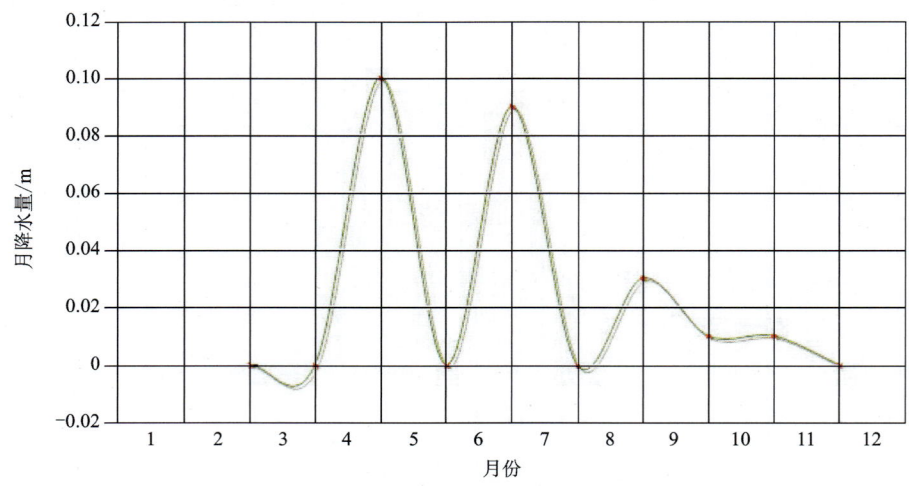

图 4-21　王洼滑坡雨量计 R1 2016 年降雨趋势分析曲线图

4. 土壤含水率监测结果

对土壤含水率监测 S1-1～S1-3、S2-1～S2-3 站点 2016 年变化趋势曲线图(图 4-22～图 4-27)分析得出:①S1-1 与 S2-1～S2-3 的变化趋势相同,都是从 3 月较低的含水率逐步上升至 6 月最高的含水率,7 月、8 月含水率值开始逐渐下降,9 月达到另一个最低点,随后在 11 月逐步上升至另一个最高点,12 月有一个小的降幅,整体变化范围为±5%;②S1-2 站点的含水率呈现下降趋势,3 月最大,5 月、8—12 月均为最小值,6 月达到一个小高峰;③S1-3 站点的变化趋势与 S1-2 站点的变化趋势类似,不同的是 S1-3 站点在 8 月达到最小值 19.8% 左右,随后逐步上升,稳定在 21.3% 左右。

整体来看,土壤含水率的主要变化体现在 6 月、9 月、11 月。降水量监测的结果表明,月降水量最大的月份分别为 5 月、7 月、9 月,通过对比分析可以得出前期降水量的累积导致了后期土壤含水率的变化,因此即便在降水量较大的时间段滑坡并未发生较大变形,但仍不可忽视后期由于土壤含水率上升导致的变形乃至滑移发生的可能性。

王洼滑坡监测点信息汇总见表 4-1。

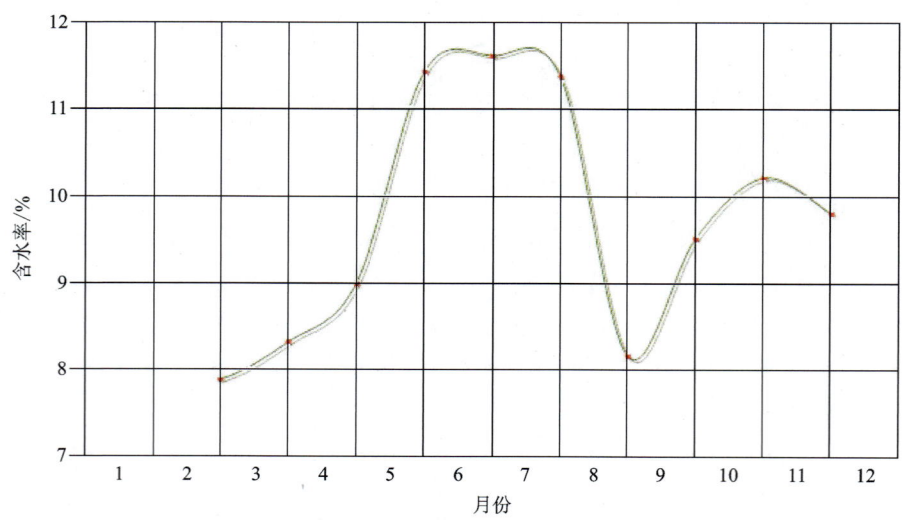

图 4-22　王洼滑坡含水率 S1-1 站 2016 年含水率趋势分析曲线图

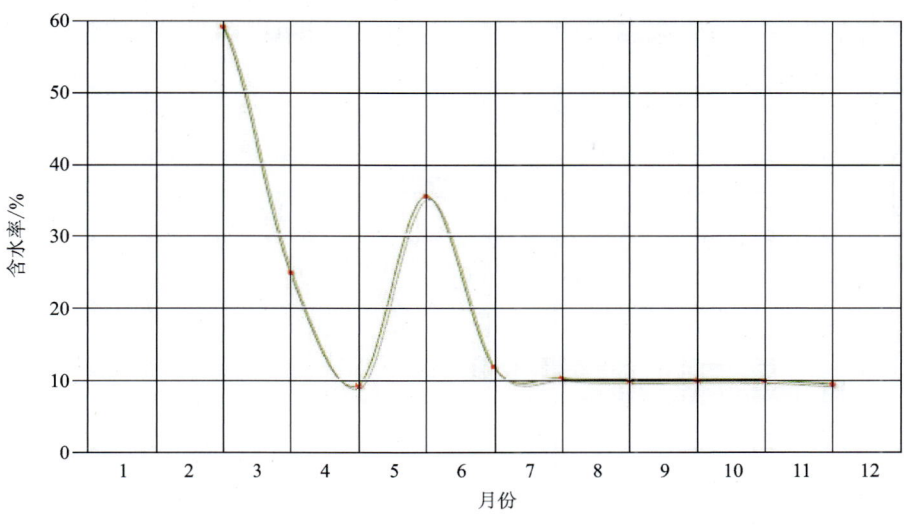

图 4-23　王洼滑坡含水率 S1-2 站 2016 年含水率趋势分析曲线图

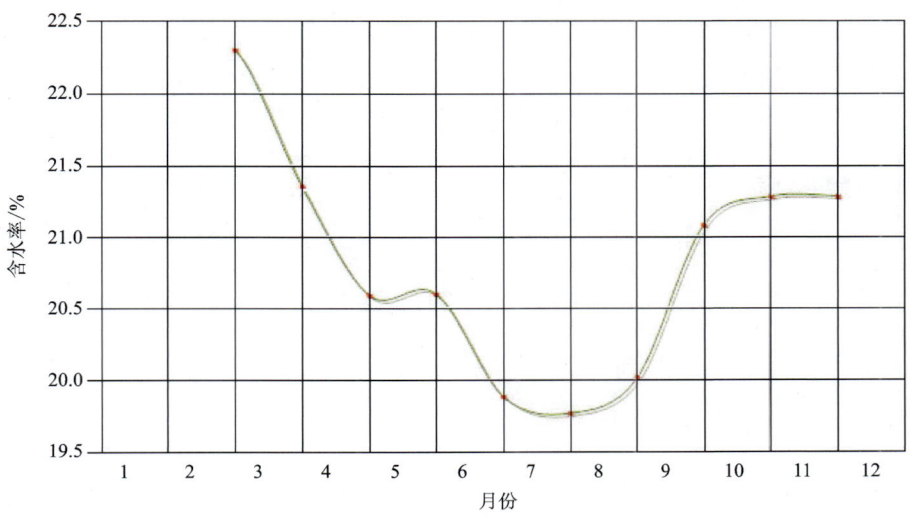

图 4-24　王洼滑坡含水率 S1-3 站 2016 年含水率趋势分析曲线图

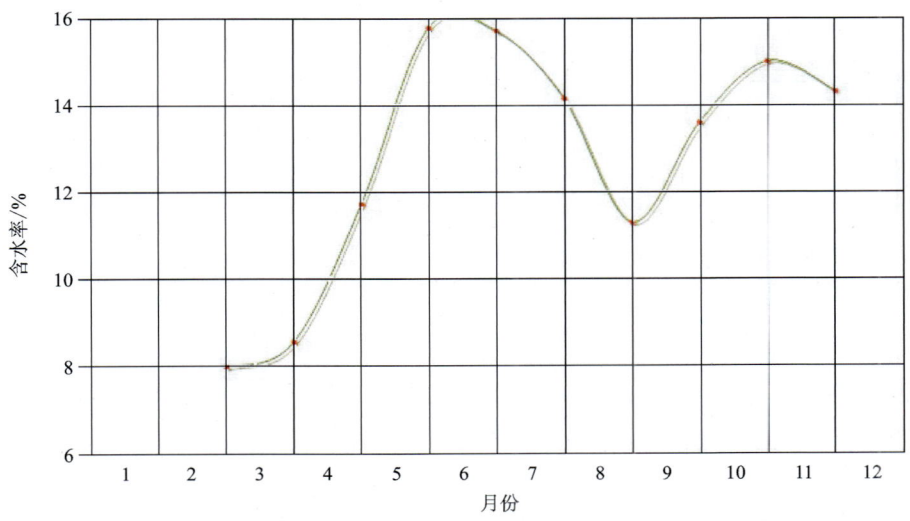

图 4-25　王洼滑坡含水率 S2-1 站 2016 年含水率趋势分析曲线图

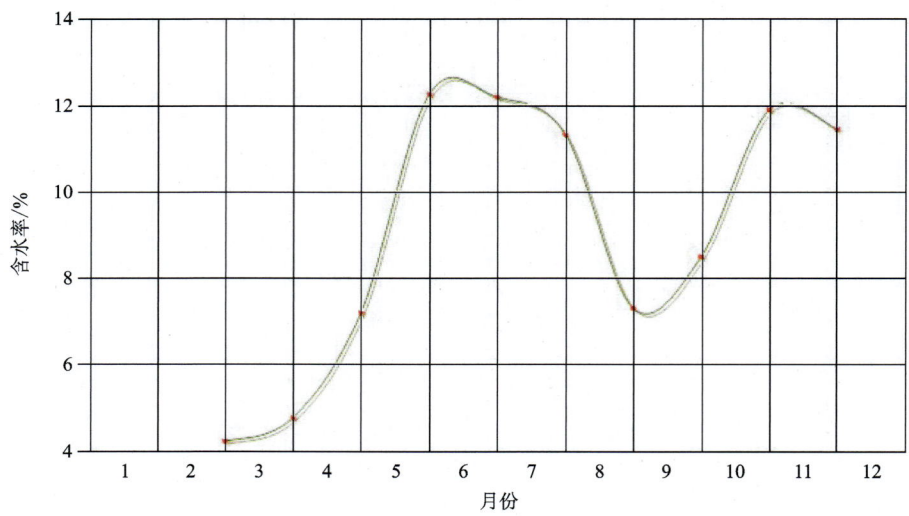

图 4-26　王洼滑坡含水率 S2-2 站 2016 年含水率趋势分析曲线图

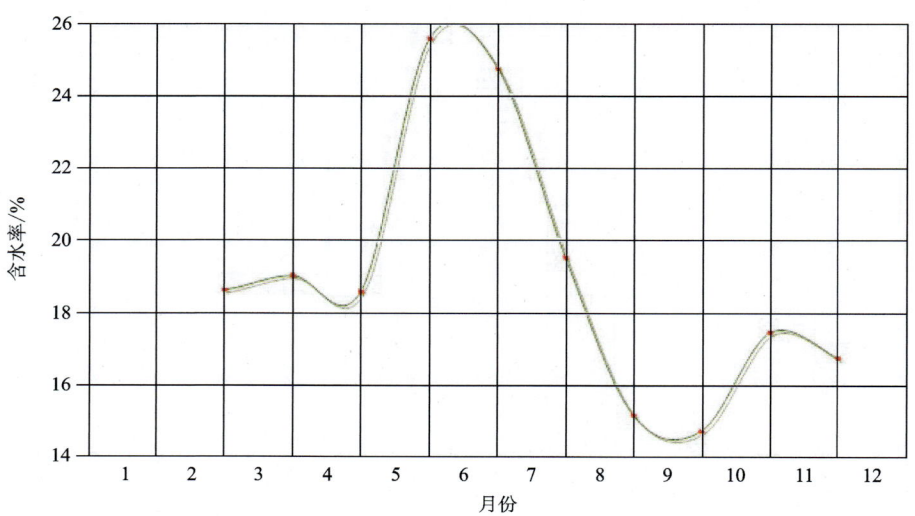

图 4-27　王洼滑坡含水率 S2-3 站 2016 年含水率趋势分析曲线图

二、阳坡十组滑坡

汉滨区地处秦巴山区腹地汉江两岸,是地质灾害高发区。大部分监测点采用裂缝简易监测+降水量监测预警仪简易监测+深部位移监测+群测群防,使用敲锣、手摇警笛、远程预警站等实现预警。本次以阳坡十组滑坡为例,进行了自动化监测预警的建设工作。

(一)滑坡特征

瀛湖镇阳坡村十组滑坡位于安康城区西南 14km 瀛湖镇阳坡村十组,滑坡体地理位置坐标为东经 108°53′13″,北纬 32°37′21″,西侧省道 S307 位于半坡,属于低山丘陵地貌,坡向 110°,整体坡度约 30°。该滑坡南北向宽约 300m,东西向长约 200m,上覆土层平均厚度 2.0~3.0m,方量约 $12\times10^4m^3$,下部为强风化岩层,较破碎,呈碎块状。滑坡体为第四系全更新统坡洪积含碎石粉质黏土,滑带主要位于土岩接触带(图 4-28)。

图 4-28 阳坡村十组滑坡全貌

综上所述,该滑坡为中型堆积层浅层滑坡,滑移初始变形时间为 2000 年,处于不稳定状态。滑坡区居民较多,坡面局部为人工改造梯田。威胁 68 户 194 人及省道 S207 车辆行人的生命财产安全,直接经济损失超过 5000 万元(图 4-29)。

图 4-29 阳坡村十组滑坡前缘汉江通过

瀛湖镇阳坡村十组滑坡体除受降水、荷载等影响外,坡脚水位升降形成的静动水位压力也是失稳的主要因素之一。该滑坡体分布众多错坎、拉张裂缝痕迹,表层岩性相对松散,土体亲水性较强,地表水下渗并在土体下部汇集,软化土体,降低坡体的抗剪强度,同时河流侧渗补给地下水,处于不稳定状态以及房屋开裂变形状态(图 4-30~图 4-33)。

图 4-30 房屋开裂

图 4-31 路基变形

图 4-32 地面变形下错

图 4-33 出露岩体

（二）具体监测内容

1. 监测方案提出

阳坡十组滑坡除具备王洼滑坡大部分特点外，不同之处在于规模相对较大、坡脚前缘汉江水位升降对滑坡的稳定性影响起到至关重要的作用，这也是秦巴山区河流两岸典型堆积层滑坡的一种。本次针对秦巴山区这类滑坡的特点，用地表绝对位移＋滑体内相对位移＋图像抓拍监测、河水位监测、降水量监测组合的监测预警技术，构建了地质灾害动态监测软件子系统和远程预警发布子系统，实现了监测数据省→市→县互联互通。

根据阳坡十组滑坡的地质灾害发育实际情况，重点对坡体随着河水位变化而频繁变形的3处（G1、G2、G3）地表裂缝加强监测；由于滑坡体后缘位于公路上方，加之坡体中部有加油站，布置了1套绝对位移监测站（W1、W2、PG），结合2套雨量站（YL1、YL2）以及水文站定期取得的河水位、坡体上出水点水量变化情况等，综合各类监测数据进行该点的监测预警工作（图4-34），重点研究水位变幅与地表裂缝的响应关系。另外，为了取得灾害体宏观变形情况或局部微观变形情况，还布置了3个图像联动抓拍（T1、T2、T3）及三维激光扫描技术站（图4-35，表4-2），分别与相对位移监测点共设一处，通过这套系统以期建立秦巴山区库岸两侧滑坡的监测预警技术。

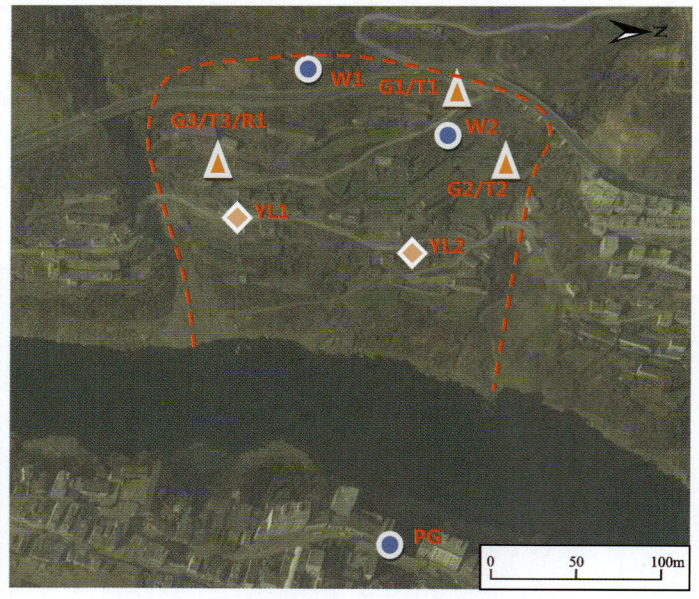
图 4-34 阳坡十组滑坡监测点分布示意图

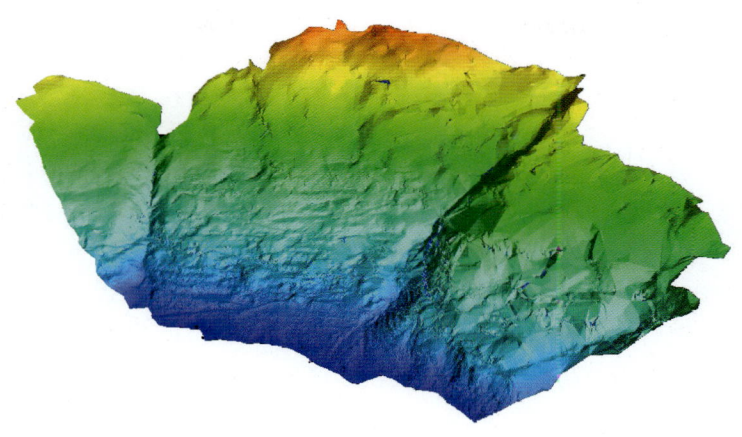

图 4-35 阳坡十组滑坡三维数字高程模型

表 4-2 阳坡十组滑坡监测系统监测点一览表

项目名称	监测站点数	监测站名称	设备数量
阳坡十组滑坡监测系统	12 个	降水量测站（R1）	1 套
		相对位移监测站（G1、G2、G3）	3 套
		绝对位移监测站（W1、W2、PG）	3 套
		图像联动抓拍站（T1、T2、T3）	3 套
		远程预警站（YL1、YL2）	2 套

2. 相对位移监测

共布设 3 套相对位移监测站（序号 G1、G2、G3），供电方式为太阳能与蓄电池供电模式。G1 安装在滑坡体后缘左侧边界处，跨过滑坡体贯穿裂缝，监测裂缝的相对位移变化情况；G2 安装在滑坡体中段左侧民房有超过 10cm 错位处，跨过路面到齐坎的边缘；G3 安装在滑坡体前缘中段，通往河道便民路右侧。

3. 降水量测站

共布设 1 套降水量测站（序号 R1），供电方式为太阳能与蓄电池供电模式。设备安装于滑坡体中段，四周无建筑物和树木遮挡。

4. 图像联动抓拍监测

布设 3 套图像联动抓拍监测站（序号 T1、T2、T3），供电方式为太阳能与蓄电池供电模式，利用图像抓拍滑坡体裂缝的变化情况。分别布设在 G1、G2、G3 监测处，实现对滑坡体上建筑物墙体或地面裂缝的灾变情况抓拍。

5. 绝对位移监测点

共布设 3 套绝对位移监测站（序号 W1、W2、PG），供电方式为太阳能与蓄电池供电模式。沿滑坡体滑动方向选择最大变形剖面，分别布设在滑坡体后缘中轴线、中段中轴线，形成一个监测剖面。PG 作为 GNSS 监测基点布设在滑坡体以外的稳定区域，用于校核变形点的绝对位移。

6. 远程预警站布置

共布设 2 套远程预警站（YL1、YL2），布设在受威胁滑坡体左、右两侧居民家屋顶，采用市电与蓄电池供电模式。

(三)滑坡监测预警功能

1. 地质灾害值守系统功能

(1)对滑坡体动态监测如相对位移监测、降水量监测、含水率监测等获得的自动化数据应实时采集、传输、存储、分析、管理,实现其自动化监测,实时数据传输至中心控制室,实时掌握地灾隐患点的安全状态。

(2)自动化测站系统具备召测式和自报式两种方式,即可按设定的方式自动进行定时测量或接收命令进行选点、巡回监测及定时监测。

(3)接入监测系统的传感器结构简单,传动部件少,易维修,可靠性高,稳定性好,系统适应各种天气气候条件下全天候监测功能,具备网络数据通信与远程数据通信功能。

(4)自动化监测设备应实现地灾点监测数据"一发四收"功能,发县级监测中心、市级监测中心、省级监测中心及企业远程维护中心。

2. 远程应急预报预警功能

地质灾害预警分析模块是指基于监测数据阈值、加权公式或预警模型的灾害点预警计算。预警分析计算针对单个灾害点或多个灾害点组成的灾害群,应用单个或多个监测设备的监测数据,根据监测预警模型,进行分析运算,输出预警结果,针对不同灾害点可设置不同的预警算法。

(1)预警信息配置:预警信息配置主要是与预警分析相关的一些配置,包括预警等级的设置、判断标准、预警模型的管理和参数配置。监测人员可以修改相关的设置和参数。预警等级由高到低划分为4个等级,即红、橙、黄、蓝。在距离测量过程中,以每次监测数据的相邻变化值及累计变化值进行等级判定,当相邻或累计变化量达到阈值时,则按照由高到低的优先顺序判定等级(图4-36)。

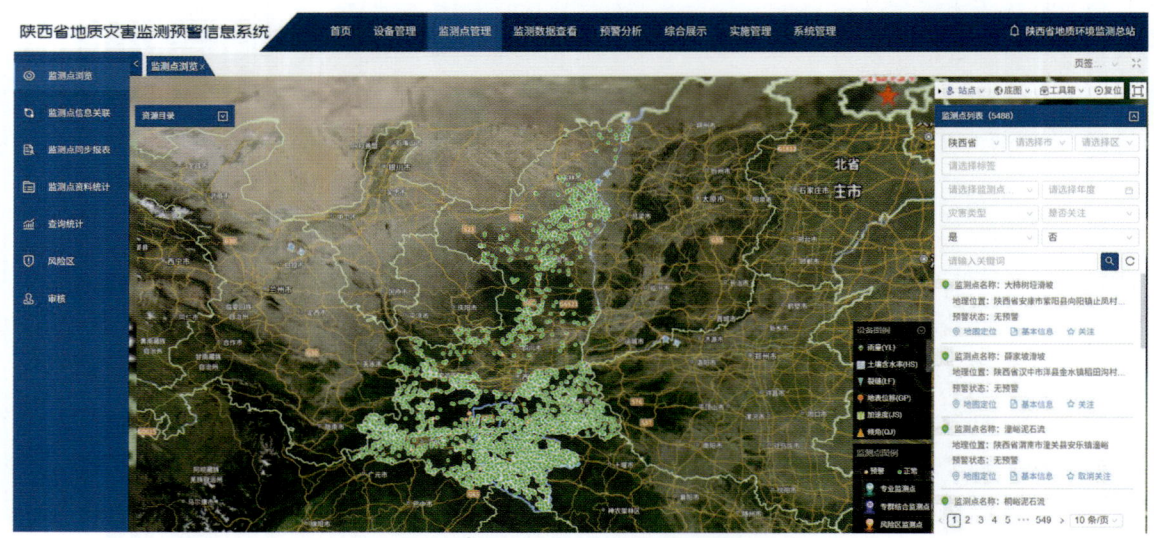

图4-36 监测预警信息平台界面

(2)预警信息发布:预警分析完成后,系统会根据预警处置方式自动发送预警信息给相关处理人员以及相关预警终端设备,预警信息可以通过广播站、短信等方式发送给相关人员。对于重大的险情,灾害预警具备实时性,可以直接发布信息给相关人员(图4-37)。

(3)预警处置:记录各种预警信息的处置情况。对于较低级别的预警,详细记录处置人、处置时间、处置意见等信息;对于较高级别的预警,除了记录处置人、处置时间、处置意见等信息,还需记录处置会商过程,包括会商人员、会商时间、会商结果等。

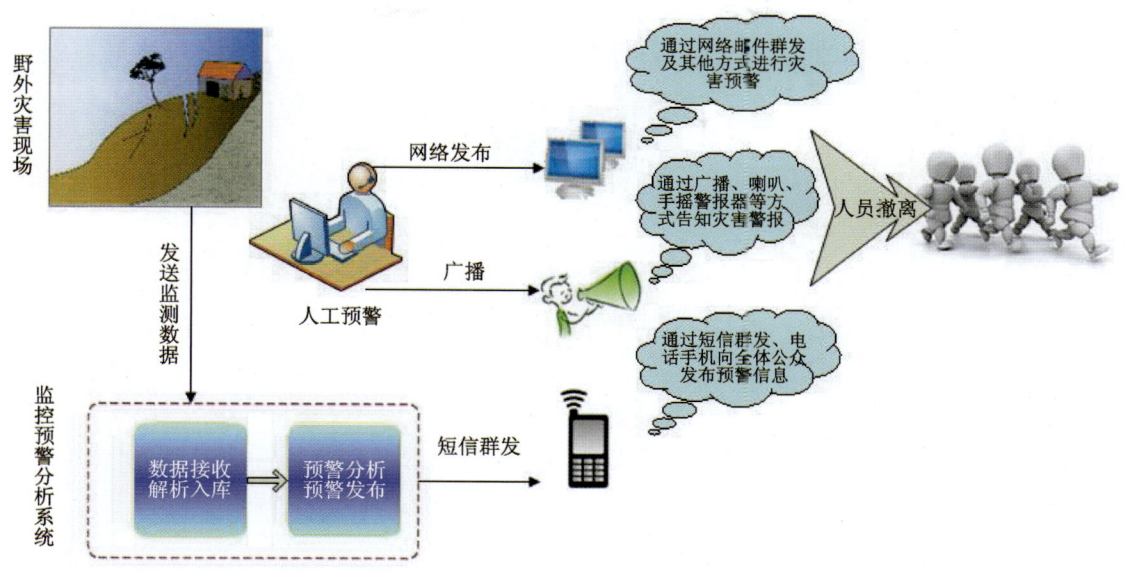

图 4-37 预警信息发布示意图

第三节 黄土滑坡监测技术

黄土滑坡的引发因素有自然和人为两类。自然因素有地震、河流和沟谷侵蚀、降水及冻融等。人类工程活动有堆载与开挖、农业灌溉、修建水库等,降水和人类工程活动是最主要的引发因素。降水通过渗入黄土而影响其稳定性,但黄土的渗透性受黄土结构、土的粒度和矿物成分的影响,通常无论降水后现场观测还是人工模拟降水入渗试验都表明降水直接入渗的深度有限(2m 左右),但在长期淋雨作用下会触发滑坡,大型的黄土滑坡是降水通过集中渗流优势通道流入地下,导致地下水位局部上升或形成上层滞水。因此,一些大型滑坡后缘常有串珠状落水洞,最后裂缝贯通,形成错台导致滑动。综上对黄土滑坡的监测,需要从黄土成分、垂直节理发育情况、裂缝裂隙发育、渗流通道、滑体厚度、降水量、地下水位、地面位移、深部位移着手,在高海拔和较高纬度地区还需要进行冻融情况的监测。

一、八角寺滑坡概况

八角寺滑坡位于宝鸡市金台区中山西路街道北侧,滑体中心地理坐标为东经 $107°08'16''$,北纬 $34°22'51''$。八角寺滑坡所在的中山西路街道位于宝鸡市中心城区,坡脚及坡体中部引渭路、宝陵公路及上塬公路东西横穿滑坡治理场地,东距宝鸡火车站约 2km。塬顶与坡脚之间有通村公路连接,交通便利(图 4-38)。

金台区位于渭河断陷构造盆地,南临秦岭,北依黄土塬,渭河自西向东纵贯其间,受构造控制形成南北隆起、中间低平、西窄东宽的河谷断陷盆地景观。按地貌形态,金台区可划分为黄土台塬及侵蚀沟谷和河谷阶地。

图 4-38　八角寺滑坡交通位置示意图

二、滑坡特征

1. 滑体外部特征

八角寺滑坡体位于渭河北岸、胜利塬塬边，东西宽约 500m，南北垂向投影长约 450m，前后缘高差约 180m，平面形态呈舌状。经人类工程活动改造，坡面地形起伏较大，呈不规则阶梯状。滑体物质为滑坡表面堆积层和风积黄土层，厚度自上而下递增，一般厚 20～65m，体积约 $621×10^4 m^3$，按滑坡体积划分为大型黄土滑坡。八角寺滑坡隐患体变形活动迹象明显，具有典型滑坡的一系列特征，遥感影像特征见图 4-39。

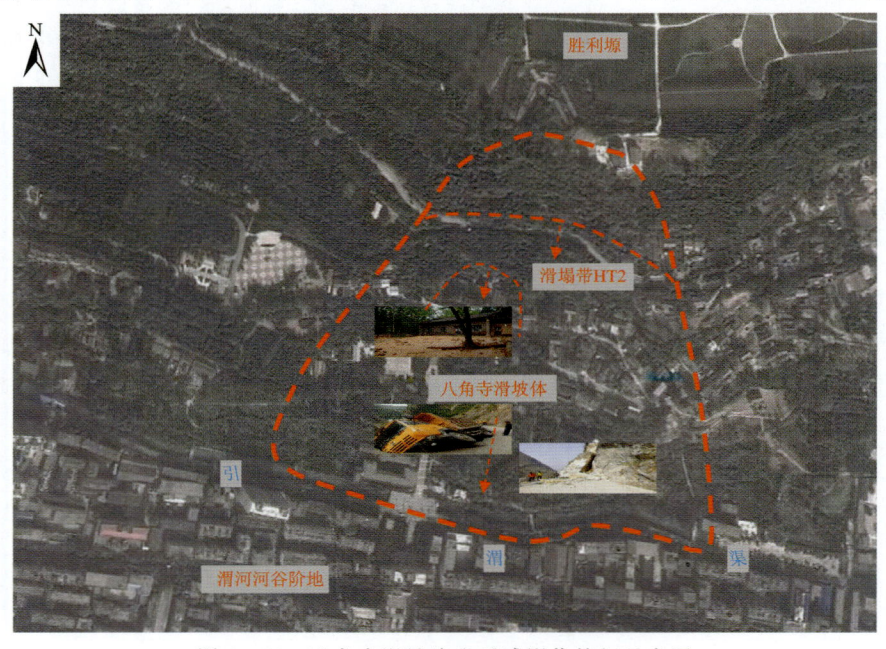

图 4-39　八角寺滑坡隐患遥感影像特征示意图

八角寺滑坡体因北坡森林公园建设改造，坡体表面植被较为茂盛，类型主要为灌木林、杂草及少量松柏类植物，所在塬前斜坡地形呈上陡下缓多级台阶状，上部地形坡度为45°～60°，下部地形坡度为15°～20°，滑坡前缘主要为滑坡堆积，呈鼓胀地形；总体地形坡度为25°，局部地段陡坎发育，可分为5级台阶。

第一级台阶为滑坡前缘、引渭渠所在平台，高程约620m，后方台阶高25～30m，坡度约75°；斜坡坡面受雨水冲刷严重（图4-40），滑坡呈条带状分布，有多处局部滑塌。

第二级台阶位于滑坡中部宝陵公路在平台，高程介于670～680m之间，为居民集中居住区，经人类工程活动改造，平台后方多为人工开挖边坡，高10～16m，坡度近直立（图4-41），西侧北坡公园建设指挥部后方边坡发育有一处局部滑塌HT1；平台外侧与第一级平台之间为缓坡地形，前缘存在一定鼓胀现象，总体地形坡度约20°。

图4-40 第一级平台后斜坡

图4-41 第二级平台居民屋后斜坡

第三级平台为滑体中上部上塬公路所在平台，高程介于715～728m之间，切坡修路形成高度20～35m的近直立高陡边坡，坡面植被稀少，在降水作用下，坡面不稳定土块塌落呈带状分布于公路内侧（图4-42）；道路外侧边坡拉张卸荷裂隙发育，与第三级平台之间地形坡度为45°～50°。

第四级平台位于滑体后缘寺庙所在平台，高程约775m，平台后方因寺庙建设开挖陡坎发育，局部地带滑坡后壁依稀可辨（图4-43）。平台外侧裂缝发育，与第三级平台之间地形坡度为50°～60°。

第五级平台即为黄土台塬塬顶，地形平坦开阔，高程约800m。

图4-42 第三级平台公路边坡

图4-43 第四级平台后方滑坡后壁

滑坡体后缘裂缝分布于第四级平台（寺庙）西部，为下方坡体蠕滑变形后形成的拉张卸荷裂隙。该裂缝长约36m，宽2～5cm，下错1～2cm，垂直于坡向展布，走向约80°。该裂缝造成观景道路、踏步及简易挡墙受损，其特征见图4-44～图4-47。

图4-44 滑坡后缘裂缝1

图4-45 滑坡后缘裂缝2

图4-46 坡体蠕变至道路下错1

图4-47 坡体蠕滑至道路下错2

滑体西侧裂缝位于第二级平台下方操场前后边缘,裂缝沿滑坡侧壁方向展布,延伸长度近50m,造成操场地面开裂,前后边缘观景道路下沉开裂,简易支挡结构开裂受损(图4-48、图4-49)。这一系列特征均表明滑坡体目前正在缓慢下移,蠕滑变形活动迹象明显。

图4-48 操场北侧上山道路开裂

图4-49 操场边缘裂缝

居民房屋及建构筑物开裂主要集中分布于第二级平台所在居民集中居住区和滑坡后缘寺庙所在位置,以"人"字形和"之"字形开裂为主要变形特征,其特征见图4-50~图4-57。

图4-50 操场南支挡"人"字形裂

图4-51 支挡裂缝

图4-52 公园指挥部院墙裂缝

图4-53 第二级平台居民围墙开裂

图4-54 第二级平台居民房屋倾斜

图4-55 第二级平台东居民房屋开裂

图 4-56　第二级平台东支挡开裂　　　　　　图 4-57　后缘寺庙建筑倾斜开裂

结合滑体及建筑物裂缝发育特征分析认为,八角寺滑坡隐患体后缘裂缝为降水后坡面土体在重力作用下蠕滑变形形成的拉、张卸荷裂隙;建筑物开裂变形是由地基土蠕滑变形导致地基不均匀沉降所致,在降水作用下裂缝有所扩展和延伸。

八角寺滑坡东侧以坡体东侧残梁为界,侧壁断续出露明显,西侧以北坡森林公园建设指挥部西侧山梁一线为界,调查未发现明显侧壁痕迹;主滑方向近正南,约185°。

2. 内部特征及物质组成

根据现场调查,八角寺滑坡体上部地层主要为中—上更新统风积黄土及古土壤层,下部地层为下更新统砂砾石夹粉质黏土层及新近系碎屑岩层。坡体上部斜坡表面分布薄层残坡积层,下部主要为滑坡堆积层。初步分析认为,八角寺滑坡体物质组成主要为上部风积黄土和下部滑坡堆积土,厚度自上而下递增,一般厚20～65m。风积黄土节理裂隙发育,滑坡堆积土岩性主要为黄土状土,呈厚层状披覆于下伏地层之上,呈黄褐色—红褐色,可塑—硬塑,稍湿—湿,局部含钙质结核,土体无明显层序,夹杂建筑、生活垃圾。

初步判断上部潜在滑带(面)位于中更新统黄土层中,潜在滑面可能沿黄土裂隙延伸发展至塬顶,滑带土物质组成为风积黄土;下部潜在滑带(面)位于滑坡堆积层与新近系中新统中风化基岩之间,该区段滑带土物质组成较复杂,为黄土状土、卵砾质粉质黏土、砂卵砾石及强风化基岩构成的软弱破碎带。滑床主要由第四系下部老黄土和新近系中风化基岩组成。第四系下部老黄土土质密实坚硬,黏性较大,构成相对的隔水层;新近系碎屑岩层上部风化破碎程度高,遇水易崩解,构成滑带,下部中风化基岩构成滑床(图4-58)。

3. 滑坡区水文地质条件

滑坡区地下水类型按埋藏条件和含水介质特征分为第四系松散岩类孔隙潜水和新近系碎屑岩类孔隙裂隙水。对滑坡影响最大的是新近系碎屑岩层以上的松散岩类孔隙潜水,该层水主要接受大气降水补给,沿新近系碎屑岩接触面向下游运移,在滑坡前缘以下降泉的形式排泄。八角寺滑坡为一坡基座式古滑坡,土质由扰动的黄土状粉质黏土、砂砾卵石等组成,透水性好,地下水在中前部以泉水形式出露,

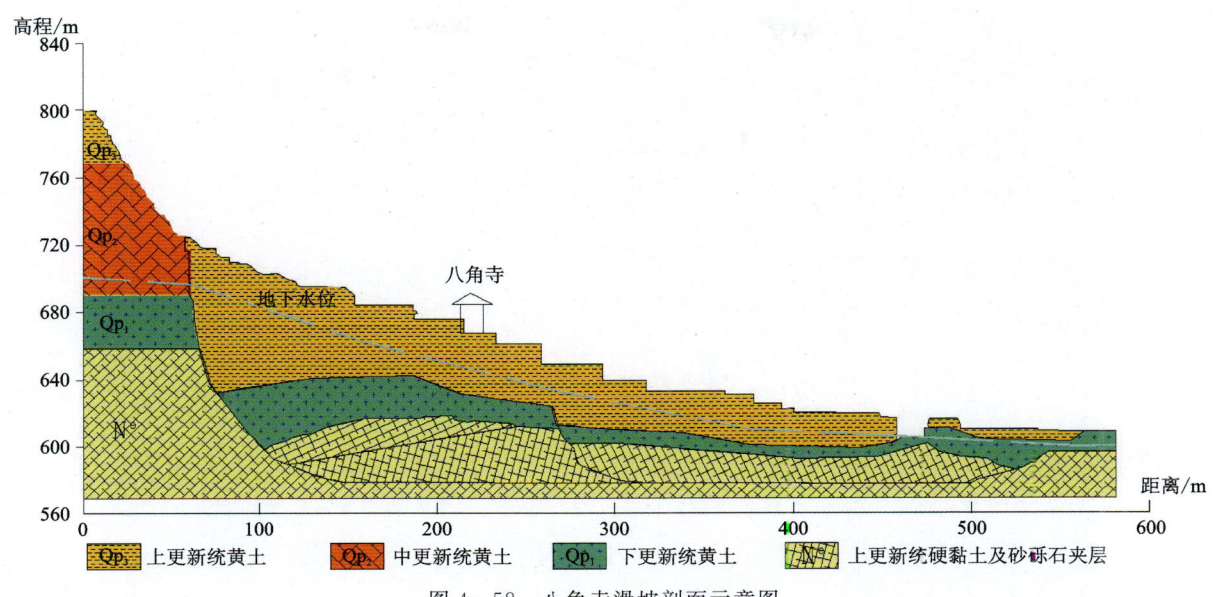

图4-58 八角寺滑坡剖面示意图

地下水动态与区域地下水动态一致,1991年后因降水量偏少而水位呈波动下降趋势,平均每年下降0.43～0.92m。

局部的上层滞水在接受降水入渗、灌溉水入渗及侧向地下径流补给后,侵坡体上的土体含水率增大,自重增加,强度显著降低,裂隙加大,在土体自重和上部荷载的作用下,造成坡体局部滑塌。同时,上层滞水沿相对隔水层(滑带或蠕滑带)向滑体前缘径流,降低了滑带土的强度,导致斜坡变形加剧,最终引发滑坡灾害。

三、具体监测内容

1. 监测方案提出

八角寺滑坡为厚度大于10m的古滑坡体,在秦岭北坡东、西两侧广布,尤其是宝鸡地区渭河两岸塬边地带多发、群发且规模大,变形历史时间长。这类滑坡在一般情况下经过漫长的地质演变,大部分处于稳定状态,仅局部地段有明显的滑塌迹象,但在极端天气条件下,尤其在地震和工程活动的作用下,复活的可能性较大。就现状而言,由于该类滑坡体上居住村民多,通过公路、耕植等人类工程活动强烈且不可能全部实施避灾搬迁,是研究区另一类滑坡的代表。为此,本次提出了绝对位移+深部位移监测组合、雨量+土壤含水率相关性监测组合、视频的微观变形与宏观变形监测组合的监测预警模式,进而监控黄土古滑坡整体变形情况,为陕西省秦岭北坡及关中盆地塬边边坡的监测预警等提供了技术支撑。

2. 北斗定位位移监测

北斗定位地表位移监测点为监测区域内的地表外部变形的特征点,共安装6个北斗定位监测点和1个北斗定位基准点。如图4-59和表4-3所述,北斗定位监测点分布在主体滑坡、局部崩滑带以及公路沿线3个监测剖面,以监测滑坡总体稳定性。此外,在监测区域附近选择稳定点,作为参考点。

设7个北斗定位监测点,基本上控制了整个边坡可能变形的区域,监测设施的布置也充分考虑了长久性、稳定性、可靠性、不易被破坏性,且安装维护方便,测量上常用的观测墩采用钢筋混凝土结构(图4-60)。基准控制点应置于边坡范围以外稳定的基岩上。

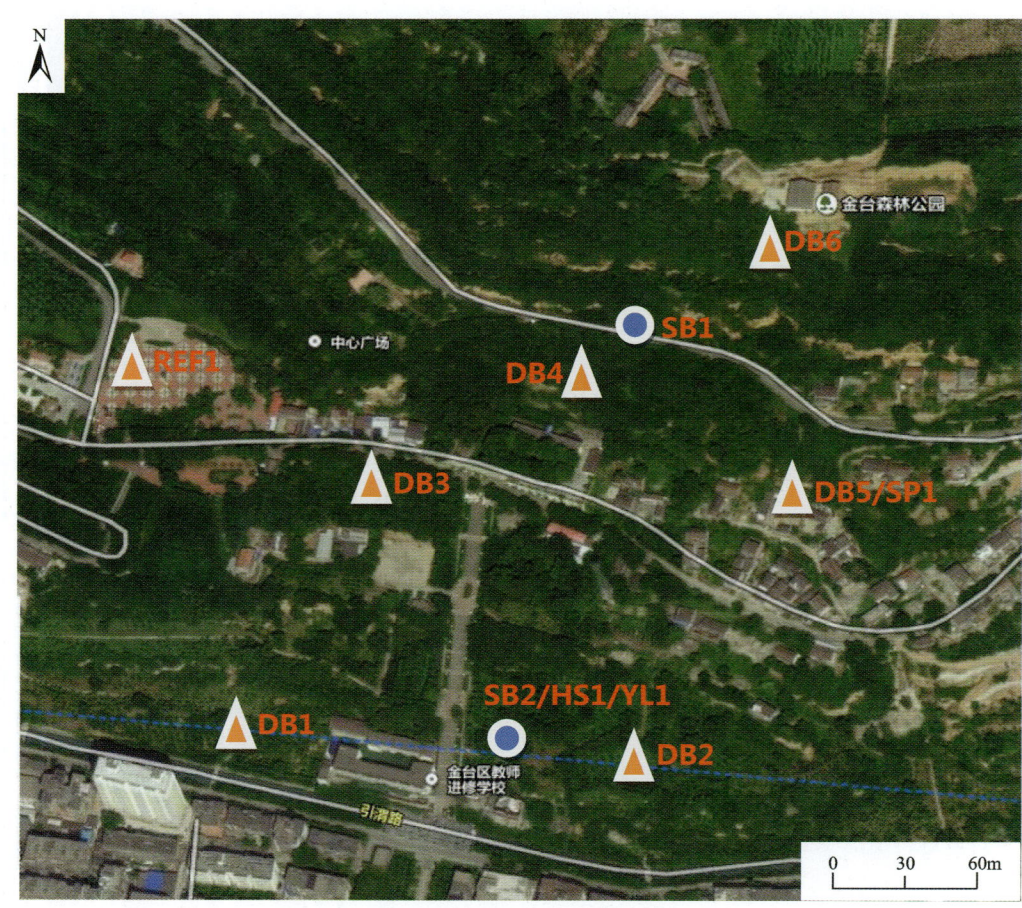

图 4-59　八角寺滑坡监测点分布示意图

注：①REF1 与 DB1、DB2、DB3、DB4、DB5、DB6 构成绝对位移的北斗定位监测系统；②SB1 与 SB2 组成深部位移监测系统，每个设置 6 个深度不同的测斜位置；③另设含水率监测点 1 处、雨量监测点 1 处、视频监测点 1 处

表 4-3　北斗定位监测点情况说明表

点名	点位描述	卫星数/个
REF1	在八角寺滑坡外选取的相对稳定北斗定位参考点	12
DB1	位于滑坡体前缘鼓胀部分，下方引渭渠、公路及大量居民点也是滑坡变形最大的区域，所以在这里设立两个滑坡变形监测点	10
DB2		12
DB3	位于该点公路边缘，下方是北崖中学操场等	10
DB4	用于监测 HT1 滑塌区，为下方北坡公园管理处及居民点提供预警	9
DB5	位于滑坡体中部，附近有居民聚居区	11
DB6	滑坡体顶部监测点，两年前有过小范围崩塌	11

3. 深部位移与地下含水率监测

深部位移监测点的选择要充分反映黄土古滑坡体深部位移的变化情况。本次在坡体中腰位置与坡体下沿挡土墙位置，分别安装 1 套固定式深部位移设备、2 个深部位移监测点（SB1、SB2），每孔设置 6 个测斜仪，形成地下、地面位移的立体监测。在南侧的深部位移监测孔 SB2 内，增设了含水率测量设备，完成土壤含水率监测点 1 处（HS1），在 4 个不同深度的位置埋设 4 个土壤含水率计（图 4-61），同时监测斜坡内水位情况。

图 4-60　GNSS 监测站　　　　　　图 4-61　土壤含水率监测点

4. 雨量监测

雨量计点位选择考虑视角开阔、无雨水遮挡的位置，与南部深部位移监测点、地下含水率监测点置于 1 处，监测设备编号为 YL1，实时记录降水量情况。降水量监测站由翻斗式雨量传感器、雨量微电脑采集器构成，雨量微电脑采集器具有自动记录、实时时钟、历史数据记录和数据通信等功能。翻斗式雨量传感器得到的雨量电信号传输到雨量微电脑采集器，雨量微电脑采集器将采集到的雨量值通过 RS232 串口传输给 GPRS 数传模块，再传送给数据中心。

5. 视频监测选点方案

视频监控是自动化监测的一种辅助手段，用来监测坡体前缘的变形，预防滑塌的发生，于滑坡前沿位置安装一个摄像机，与北斗定位监测点 DB5 置于一起，监测设备编号为 SP1。

四、监测预警系统功能

监测预警系统采用 Anchor 变形监测自动监测系统。根据变形监测内容、变形监测信息，系统基于 Internet 和无线网络技术（图 4-62），采用 C/S（客户端/服务器）与 B/S（浏览器/服务器）混合程序设计模式，支持个人计算机、掌上电脑和移动设备访问，具有高度的稳定性、可靠性和安全性，良好的系统功能扩展伸缩性，同时支持海量数据存储。

数据处理中心是系统的核心，由数据采集和处理服务器、Web 服务器和短信终端设备组成。处理中心需具有 Internet 网络，能够接收来自现场的北斗定位、深部测斜仪以及雨量计设备的数据。根据项目实际情况，可以将 Web 服务器和数据采集处理服务器共用一台计算机。

数据中心的数据采集与处理软件 Anchor，负责接收采集观测数据，并按设计观测时段长（可随意设置，一般为 1~24h）将数据记录、转换和处理，自动生成相应的数据和结果文件，输出监测点位移，同时还具有可视化、数据管理及分析等功能。软件包括工程管理、测站管理、数据分离、双差基线解算、监测结果可视化以及数据管理六大模块。

系统提供三点法、双曲线法、德国双曲线法、抛物线法、指数曲线法、沉降速率法、星野法等多种方法对数据进行分析。

在通常情况的连续监测或数据采集过程中，不会触发报警装置。当日数据或周数据结果接近或达到警戒值时，警报系统将启动。警报系统在控制中心启动警铃和警灯装置，并自动向相关人员发送预警

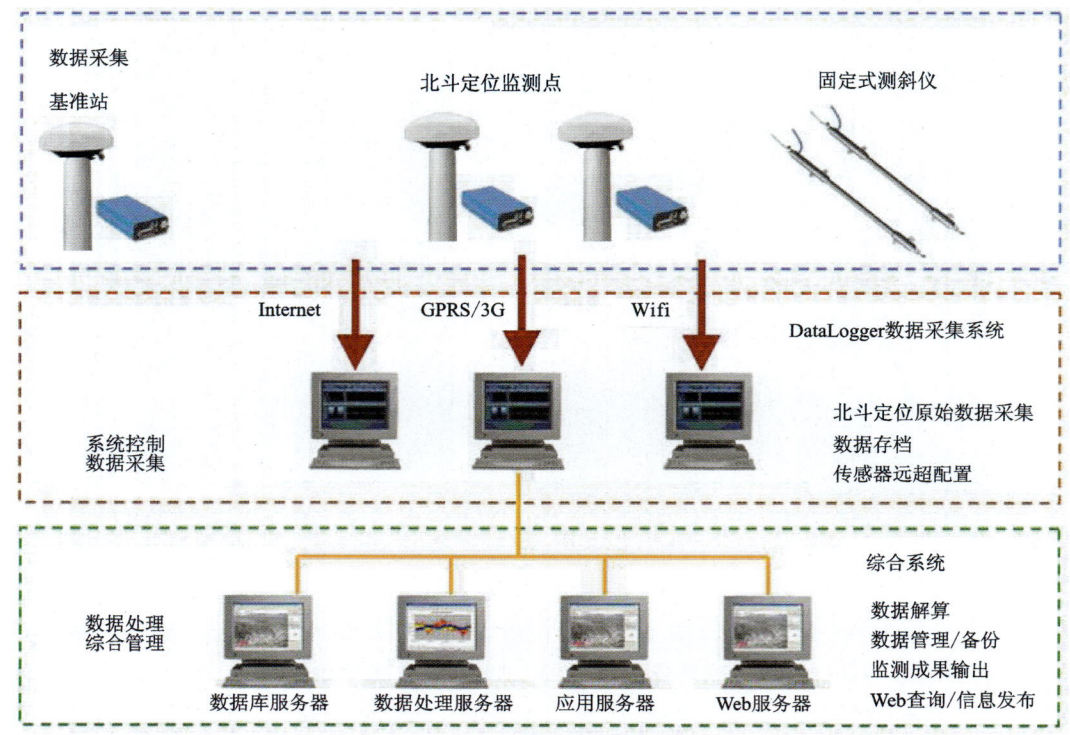

图 4-62 监测预警系统功能结构图

短信。提供每月监测报告,并按照要求的格式提供相关原始数据;在监测到有异常情况时,发送短信的同时并提供变形相关数据报告。

根据本书研究,八角寺滑坡监测预警值参照已有监测项目经验初步确定:①垂直位移累计量大于5mm,或水平位移累计量大于3mm时表示监测体开始发生位移,并向相关人员以短信形式提供预警信息;②垂直位移累计量大于15mm,或水平位移累计量大于7.5mm时表示监测体有滑动迹象,定义为危险,同时系统将向相关人员以短信形式提供预警信息;③垂直位移累计量大于20mm,或水平位移累计量大于10mm表示监测体已发生滑动,此时系统将向相关人员以短信形式发出紧急预警信息,并在系统内部提供三小时数据更新。

第四节 高频泥石流监测技术

高频泥石流沟与物源量和松散岩土体密切相关。在三大地形阶梯中,泥石流暴发时雨量随整体地势的降低逐渐增加,高频泥石流从受"气温+前期雨强"影响逐渐过渡到受"前期降水+实时降水"影响以及高阈值条件影响。高频率泥石流沟内物源丰富,以崩塌、滑坡形式存在的物源体不稳定,多处于极限平衡状态,坡面、支沟内也积累了大量的松散物源体;高频率泥石流沟内岩性软弱,易风化剥落,多产生黏性颗粒,如泥岩、页岩、千枚岩、片岩和砂岩等。这些岩层变质程度深,内部节理裂隙发育,抗风化能力弱,黏土含量较高,泥石流体多呈黏性,整体多呈裸地景观,部分高频率泥石流沟的植被覆盖度大于中、低频率泥石流。

对于高频率周期性暴发的泥石流,可通过设置观测站等方式获得全面的泥石流信息从而对其进行研究,通过工程治理以及预测预报、汛期专人值守等群测群防途径对其进行防范,以期将泥石流灾害带来的损失降至最小。

一、庙垭沟泥石流区概况

佛坪县椒溪河两岸的沟谷基本上属于高频泥石流发生区,在 2003 年、2006 年、2007 年、2009 年、2010 年、2013 年、2015 年基本上都有泥石流致灾,庙垭沟泥石流便是其中之一。该泥石流位于佛坪县城袁家庄镇袁家庄村庙垭沟境内,地理位置为东经 107°59′8.1″,北纬 33°31′32.3″。庙垭沟距县政府约 1km,沟口前缘为城区街道和国道 G108,交通便利,沟长 4.0km,汇水面积 2.5km²;沟谷深切,地势陡峻,地形坡度大,谷坡 25°～70°,沟床平均比降 19%,上段沟谷呈"U"形,中下段呈"V"形。这种地形条件使泥石流得以迅猛直泻,危险性大。沟道两岸谷坡有大量的第四系残坡积物和破碎岩块,崩滑等不良地质作用较发育,为泥石流的形成提供了大量的固体物源(图 4-63)。

庙垭沟床整体较为稳定,无摆动变化,但主沟两侧山体冲沟发育,沟岸侧蚀作用和沟床下蚀作用较为强烈。沟道两侧岸坡残坡积碎石土及破碎基岩广泛分布的区域为泥石流的形成区,几乎整个沟道参与泥石流的形成,流通区较短;沟口段为泥石流的堆积区。沟岸侧蚀造成沟岸崩滑和沟底物质的再搬运成为增加泥石流固体物质的重要途径。

二、庙垭沟泥石流特征

根据现场调查结果,泥石流沟的固体物质来源主要为沟床两侧斜坡上强风化破碎基岩、残坡积碎石土、沟床堆积物等。

1. 形成区

形成区分布于泥石流高程 900～1230m 段,沟长 2.2km,平均坡降为 19%,沟谷呈"V"形。有多处跌水陡坎,跌水和陡坎处沟槽狭窄,泥石流通过时会增加其冲击速度。两岸谷坡植被较稀少,地表大都裸露或零星草丛覆盖,岸坡坡度 25°～70°,局部呈陡崖状。

沟道内堆积的砂、卵砾石等固体物质厚 1～3m,砂、卵石一般粒径 20～200mm(图 4-64),呈椭圆形或棱角状,磨圆度一般。砾石块径较大,一般 0.8m,局部最大块径可达 2～3m,经水流搬运广泛分布于庙垭沟沟道,为泥石流的发生提供了大量物源。初步估算,沟道内堆积物源方量约 $30×10^4 m^3$。

图 4-63 庙垭沟两侧山体

图 4-64 沟道内堆积的泥石流物源

沟道两岸分布残坡积层厚度为 3～7m。岩性主要为混泥质碎石土(图 4-65),碎石成分为强风化岩块,一般粒径 20～500mm,个别粒径可达 0.7m,呈不规则棱角状,为泥质充填,碎石含量在 80% 以上,为泥石流的发生提供了大量物源。此外,在沟道两岸残坡积层较厚地带(图 4-66),居民多在沟道两岸开荒种地,不仅破坏了沟道两岸原始地形地貌形态和植被,还为泥石流的发生提供了大量物源。初步估算,沟道两岸堆积物源方量约 $250 \times 10^4 \mathrm{m}^3$。

图 4-65 沟道两岸的残坡积碎石土

图 4-66 沟道两岸的残坡积土

沟道两侧斜坡出露的强风化变质岩节理发育、岩体破碎,呈碎石状—块石状。通过地面调查,沟道两侧斜坡稳定性差,坡面雨蚀沟发育,水土流失严重。在降水及风化等外界营力作用下,坡面不稳定岩块常崩落后松散堆积于斜坡表面及坡脚,为泥石流的发生提供了大量物源。初步估算,沟道两侧斜坡堆积块石物源方量约 $600 \times 10^4 \mathrm{m}^3$。

综上所述,沟内松散堆积物、两岸第四系残坡积松散堆积物及两侧斜坡出露的强风化破碎基岩共同构成了泥石流的主要物源。初步估算,泥石流形成区内物源总方量约 $880 \times 10^4 \mathrm{m}^3$。泥石流形成区沟道剖面结构及物源分布特征见图 4-67。

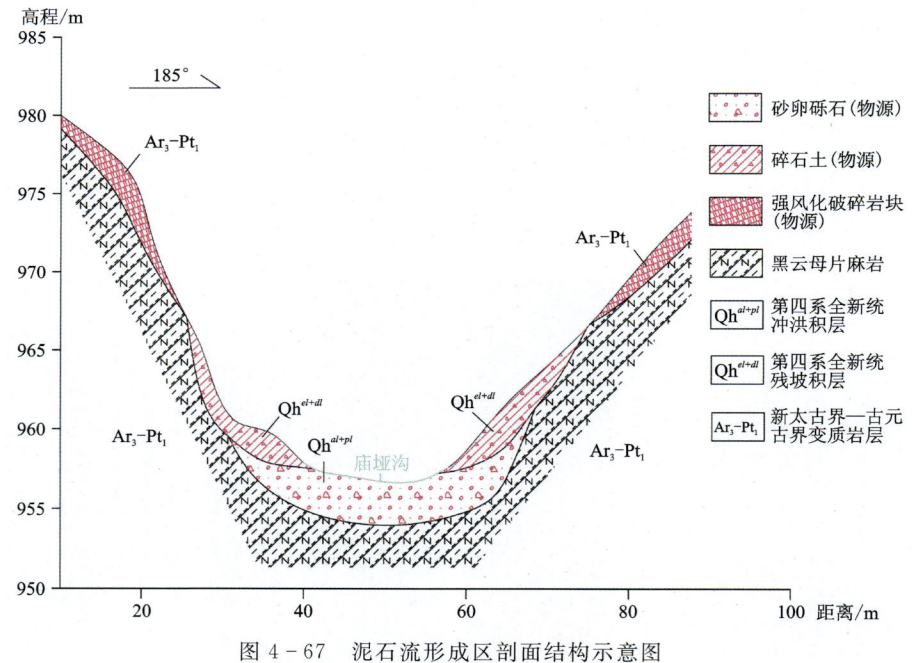
图 4-67 泥石流形成区剖面结构示意图

2. 流通区

流通区分布于泥石流沟下段,沟底高程为 850~900m,沟长 0.5km,平均纵坡 10%,沟底大部分地段大量砾石堆积,厚 1~1.5m;两岸谷坡植被较少,谷坡坡度相对较缓,坡度为 25°~45°;残坡积物堆积较厚4～7m,总体呈"V"形峡谷。初步估算,流通区内沟道及两侧斜坡固体松散堆积物方量约$15\times10^4\mathrm{m}^3$。综合以上统计结果,庙垭沟泥石流形成区和流通区内松散固体物质总量约$895\times10^4\mathrm{m}^3$。

3. 堆积区

堆积区位于庙垭沟下游与椒溪河交汇处的相对平缓开阔地带,为泥石流威胁对象所在区域,是居民集中居住区。区内分布有佛坪县政府、袁家庄村委会、佛坪幼儿园、家属楼、居民房屋、城区街道及国道G108等,直接威胁资产约5亿元,危害程度属特大级。

三、具体监测内容

监测方式以专业监测和群测群防结合,专业监测内容以泥石流监测为主,群测群防内容以地表宏观变形监测为主,结合区域周边地质灾害建立监测预警信息系统,以提高利用效率。

1. 专业监测

(1)大气降水监测:在充分收集和利用佛坪县气象局的气象资料的基础上,主要对泥石流区的雨量进行监测,在物源区或流通区设置自记式雨量计,以监测降水量和泥石流发生的耦合关系,为进行泥石流的预警、预报提供依据。

(2)固体物质来源监测:定期对物源区的物源体进行宏观巡测,必要时辅以地形测量工作,以确定泥石流的主要物质来源,为以后泥石流的长期治理提供技术依据。本次监测预警工作通过群测群防员的监测来实现。

(3)运动特征监测:主要包括爆发时间、历时、过程、类型、流态、流速、泥位、流面宽度、爬高、阵流次数、沟床纵横坡度变化、输移冲淤变化、堆积情况等,并取样分析,测定泥石流流量、总径流量等。

(4)流体特征监测:主要包括固体物质组成、块度、颗粒组成和流体稠度、重度等物理特征,测定其结构、构造的内在联系与流变模式。

2. 群测群防

群测群防监测是在地质灾害主管部门和专业监测单位技术指导下,由当地政府组织实施建立的一种监测体系。它是以当地群众为监测人员主体,以及时、普遍获取监测区监测信息为主要目的,实施巡查为主要减灾防灾措施的群众性监测与防灾体系。

(1)监测方法:群测群防体系的建设与运行以当地政府为责任主体,由专门管理部门组织实施,广大群众共同参与。结合区域周边情况,组织建设县级监测站,编制监测施工设计方案,将群测群防责任落实到村镇及监测人。县级监测站应在上级管理部门和专业监测单位的指导下,完成监测站的能力建设,使之与其承担的监测预警工作任务相适应,并负责现场监测人员的培训,对辖区内的滑坡监测工作进行统一管理。现场监测人员经培训后上岗,对所负责的辖区进行定期巡查、现场监测,进行记录并上报。

(2)监测内容:群测群防现场监测人员要定期对庙垭沟泥石流物源、沟床变化情况等进行巡视、监测,填报相关的记录。发现新的变形迹象或变形加剧的现象时,及时上报有关部门,并进一步加强监测,必要时启动应急预案,防止造成重大人员伤亡和财产损失。由专业监测单位进行现场选点,根据庙垭沟泥石流的具体特点,现场布置监测点位,划定危害对象,进行实物指标调查,制订撤离路线。佛坪县地质灾害监测站依据专业监测单位选定的点位,建立监测标桩(点),并确定现场监测人员,发放统一监测记录表格,按要求实施监测。

(3)群测群防监测运行管理:群测群防由地质环境监测站负责现场核查并布置监测方案,落实到具体村镇及监测人。包括技术指导、日常监测及质量保证、资料汇交、预案制订和预警支持等,并进行应急调查与应急处理。在具体实施过程中,专业监测单位配合群测群防员的工作,并提供技术支持。

3. 监测预警信息系统

建立监测预警信息系统是地质灾害治理的一项重要非工程措施。监测预警系统的建立将为监测信息的综合汇总、系统管理、检索查询、风险决策、应急反应提供重要的技术支撑，从而有效地减少或避免灾害导致的人员伤亡和财产损失。监测预警信息系统建设的关键在于建立一个效率高、使用方便的监测资料数据库管理系统。监测数据库系统由专业监测单位设计和开发，并同时承担监测预警信息系统的运行和维护工作。

4. 监测所用仪器

庙垭沟泥石流监测仪器的布设见图4-68和表4-4。

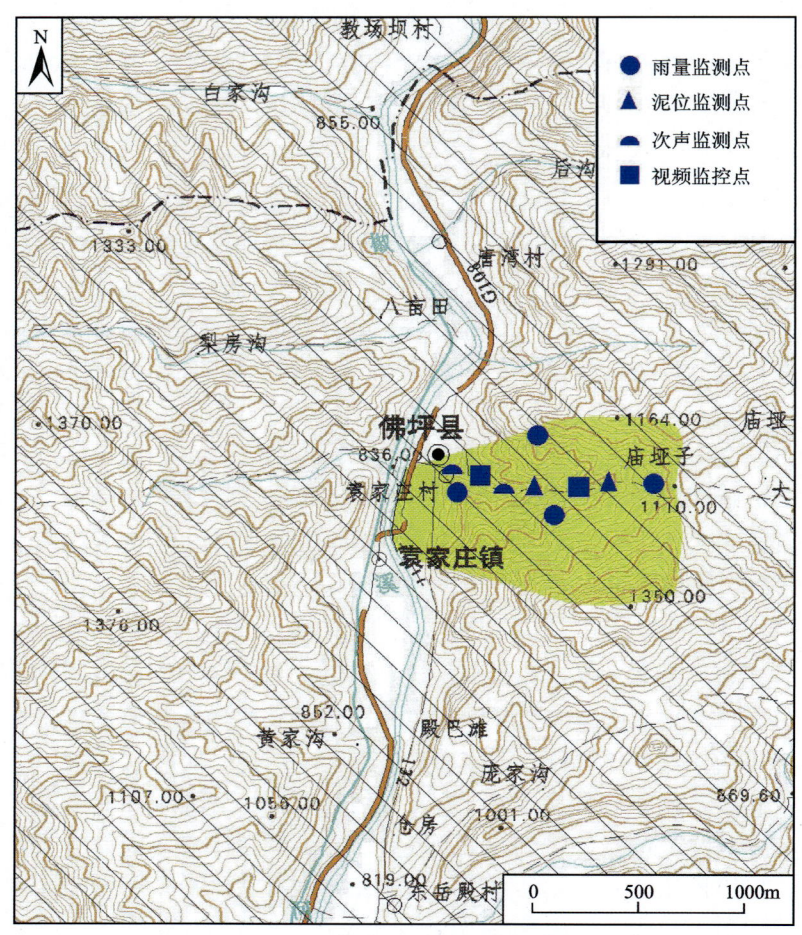

图4-68 庙垭沟泥石流监测点布设图

表4-4 泥石流监测内容

序号	监测项目	监测内容	使用仪器	具体位置	布置数量/个
1	降水量监测	大气降水监测	智能雨量站	监测上、中、下游不同位置的降水量	4
2	泥位监测	运动特性监测	泥位计	监测沟道水位涨落、泥石流堆积物厚度变化	2
3	次声监测	对泥石流发生时的次声波信号及能量变化情况进行监测	次声系统	泥石流沟的下游	2
3	视频监测	固体物质来源监测	视频监控系统	监测泥石流发生地的影像变化信息	2

四、泥石流监测预警系统功能

庙垭沟位于佛坪县政府后方,为极易发泥石流沟,地质条件复杂,沟道两岸岩体破碎,对场地的稳定和安全造成一定影响。因此,为及时掌握区内泥石流的发展规律,预测灾害可能发生的范围及发展趋势,并采取相应的处理措施,建立长期监测预警系统显得十分必要且意义重大。

监测工作应达到以下目的:①通过监测泥石流的变形和活动动态,对其发展趋势做出预测、预报及预警,并指导防灾减灾措施的建立和实施;②通过对比评价不同条件下的监测数据,进一步预测泥石流的发展趋势。

监测工作的主要任务是:①针对庙垭沟泥石流的具体特征、影响因素,建立较完整的监测剖面和监测网,使之成为系统化、立体化的监测系统;②及时快速对庙垭沟现状做出评价,并进行预测预报,将可能发生的地质灾害危害降到最低限度;③建立长期监测系统,对泥石流沟进行研究。

五、监测预警系统成果要求

为保证监测工作的顺利实施及实施后工程的可用性,监测技术及成果整理应满足如下要求:①监测网点是整个监测工作的基础,其网点的建立应体现出精度高、稳定性好、误差小、数量合理;②监测结果应及时记录;③数据采集应尽可能自动化,数据处理宜在计算机上进行,随时提供监测的原始资料;④监测数据测报系统包括现场监测、数据和图形处理,趋势及险情预报,监测成果以月报、季报、半年报、年报等综合分析报告形式提交。

第五节 低频泥石流监测技术

低频泥石流相比高频泥石流具有更高的破坏性和突发性。因为低频泥石流隐蔽性强、潜在危害性大,由于低频泥石流沟发生泥石流的频率较低,在泥石流沟上经常被树木、灌木丛覆盖,给民众造成安全的假象;其次,低频泥石流沟及其支沟往往会同时暴发泥石流,齐发性、同发性和群发性强,而且还会伴随滑坡、崩塌、洪水等其他地质灾害;低频泥石流暴发的因素主要是洪水,也是一个固体物质再搬运和输移的过程,泥石流沟谷内乃至整个泥石流沟流域松散物质逐年积累,因此为泥石流的形成提供了大量的固体物源。所以,低频泥石流一旦暴发,将给山区人们的生命财产、山区经济发展和社会进步以及山区生态环境带来巨大的破坏与深远的影响。

一、董家河泥石流区概况

董家河泥石流之所以被定为泥石流隐患沟,是因为该沟早在 2000 年发生过一次地质灾害,造成沟口桥墩发生严重变形,导致道路中断。但被定为隐患点后,该沟谷再无活动迹象。

董家河泥石流沟位于南郑区大河坎镇汉群村、元山村、丁家坪村,流域面积大,沟内耕地多,周边居民密集。大河坎镇距汉中市约 14km,至南郑区中心城区约 13km,至西汉高速汉中东出口约 11km,至西安(西汉高速)约 260km。南郑区地处南北气候过渡地带,属于亚热带大陆性季风气候区,气候特点为四季分明、雨量充沛、热量充足、温和湿润。气温的空间分布受地形地貌影响,各地差异明显,米仓山区气温低,平原区及碑坝河谷区等地气温较高。多年平均气温14.2℃,极端最高气温36.6℃,极端最低气温-8℃。

大河坎镇董家河泥石流位于汉中盆地南缘低山丘陵区(图4-69)。区内岩浆岩分布面积广,由于长期风化,坡残积层含砂量较高,土质疏松,是滑坡、泥石流高发的物质基础。董家河沟向45°,沟长3272m,沟口最低点海拔为660m,最高点海拔为1 473.3m,平均坡降24.856%,干旱时,沟内流量2m³/s,汛期增大,最大达20m³/s。

图4-69 董家河泥石流沟局部地貌

二、董家河泥石流特征

1. 形成区特征

形成区分布于泥石流高程660~1473m段,沟长3.272km,平均坡降为24.8%,沟谷呈"U"形。有多处跌水陡坎,跌水和陡坎处沟槽狭窄,泥石流通过时会增加其冲击速度。两岸谷坡植被较稀少,地表大都裸露或零星草丛覆盖,岸坡坡度为30°~72°,局部呈陡崖状(图4-70)。

沟道内堆积的砂、卵砾石等固体物质厚0.5~2.2m,砂、卵石一般粒径30~300mm,呈椭圆形或棱角状,磨圆度一般。砾石块径较大,一般1.0m,局部最大块径可达2.5~4m,经水流搬运广泛分布于董家河沟沟道(图4-71),为泥石流的发生提供了大量物源。初步估算,沟道内堆积物源方量约$12\times10^4 m^3$。

图4-70 董家河泥石流物源

图4-71 董家河泥石流残坡积碎石土

沟道两岸分布残坡积层厚度为 1.8～4.7m。岩性主要为各期侵入花岗岩、闪长岩、辉长岩、角闪岩等，一般粒径为 30～800mm，个别粒径可达 1.0m，呈不规则棱角状，为泥质充填，碎石含量在 80% 以上，为泥石流的发生提供了大量物源。初步估算，沟道两岸堆积物源方量约 $180×10^4m^3$。

沟道两侧斜坡出露的强风化变质岩节理发育，岩体破碎，呈碎石状—块石状（图 4-72）。沟道两侧斜坡稳定性差，坡面雨蚀沟发育，水土流失严重。在降水及风化等外界营力作用下，坡面不稳定，岩块常崩落后松散堆积于斜坡表面及坡脚，为泥石流的发生提供了大量物源。初步估算，沟道两侧斜坡堆积块石物源方量约 $400×10^4m^3$。

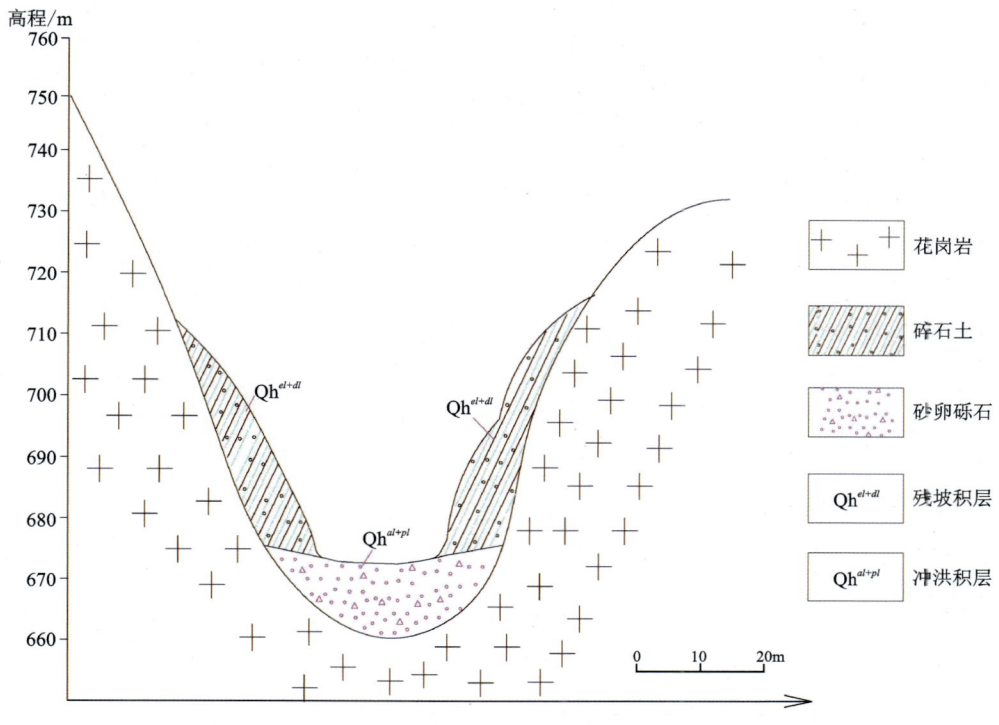

图 4-72 董家河泥石流形成区剖面结构示意图

沟内松散堆积物、两岸第四系残坡积松散堆积物及两侧斜坡出露的强风化破碎基岩共同构成了泥石流的主要物源。初步估算，泥石流形成区内物源总方量约 $592×10^4m^3$。

2. 流通区特征

流通区分布于泥石流沟下段，沟底高程 660～860m，沟长 1.1km，平均纵坡为 16%，沟底大部分地段大量砾石堆积，厚 0.7～1.2m；两岸谷坡植被较少，谷坡坡度相对较陡，坡度为 40°～55°；残坡积物堆积较厚，为 2.3～5.8m，总体呈"U"形。初步估算，流通区内沟道及两侧斜坡固体松散堆积物方量约 $10×10^4m^3$。综合以上统计结果，董家河泥石流形成区和流通区内松散固体物质总量约为 $602×10^4m^3$。

3. 堆积区特征

堆积区位于董家河下游相对平缓开阔地带，为泥石流威胁对象所在区域，是居民集中居住区。区内分布有汉群村、元山村、丁家坪村等村，危害程度属特大级。

4. 泥石流沟发展趋势

大河坎镇董家河泥石流正处于其发展阶段的旺盛期，松散固体物质极丰富，物源区两岸斜坡基岩破碎，物源充足，丰富的固体物质为泥石流活动提供了后备物源。而阵发性强降水是引发泥石流的主要原因，在暴雨作用下，坡面不稳定岩块、两岸松散土体极易发生崩滑、沟岸滑塌等，继而暴发泥石流。如不采取任何工程措施任其发展，泥石流的再次暴发将不可避免。

三、具体监测内容

1. 监测对象及目的

董家河泥石流为暴雨沟谷型泥石流。强风化岩体及残积物在雨水的冲刷下形成崩塌，沟谷两侧的崩塌形成的松散物源体失稳而大量汇集于沟道。在暴雨作用下，汇流过程将坡面松散物质及坡面的各类松散堆积物源携带进入沟道。泥石流顺沟而下的运动过程中，通过沟道揭底冲刷卷动沟道内残留的松散堆积物源，大大增加了泥石流的规模。泥石流将沟谷两侧沟岸松散固体物质带走，在泥石流刮铲效应下以滚雪球的方式向下游运动，从而暴发泥石流灾害。因此，需要通过雨量监测来监测泥石流沟上、中、下游不同位置的降水量及降水过程，为泥石流启动降水量阈值预警提供依据。

在泥石流形成过程中，沟域内地形陡峻、沟谷坡度大为水源和泥沙的汇聚提供了有利的地形地貌条件，沟道内的松散堆积物为泥石流的发生提供了丰富的松散固体物源。可通过泥位监测来反映沟道内水位的涨落和泥石流堆积物的厚度变化。另外，可通过视频监测来监测泥石流发生地的影像变化信息，通过监测泥石流发生时某处沟道的图像变化达到预警的目的，还可通过在沟道中的上、下至少两个断面处布设的摄像头监测到的泥石流到达的时间差来计算流速。

泥石流运动情况和流体特征监测断面布设数量、距离，视沟道地形、地质条件而定，一般在流通区纵坡面、横断面形态变化处和地质条件变化处以及弯道处等进行布设。同时，必须充分考虑下游保护区（居民点、重要设施）撤离等防灾救灾所需提前警报的时间和泥石流的运动速度等因素。

2. 董家河泥石流监测预警系统布置方案

根据董家河泥石流沟的现场踏勘及监测点布置原则，对董家河泥石流现场监测仪器设备进行布置，共布设3个降水量监测点、2个泥位监测点、1个视频监测点（表4-5，图4-73），由监控中心和现场站点采集监测数据。

表4-5　董家河泥石流监测内容

序号	监测项目	监测内容	使用仪器	具体位置	布置数量/个
1	降水量监测	大气降水监测	智能雨量站	监测上、中、下游不同位置的降水量	3
2	泥位监测	运动特性监测	泥位计	监测沟道水位涨落、泥石流堆积物厚度变化	2
3	视频监测	固体物质来源监测	视频监控系统	监测泥石流发生地的影像变化信息	1

用分布式架构搭建系统监测预警平台，监控中心实现对各现场站点管理、数据库存储、监测数据分析、监测成果报表输出、预警模型管理、预警信息发布等功能。现场站点由现场主控单元与各类监测传感器组成。现场主控单元由遥测终端、太阳能供电系统、电源管理模块等组成，是现场传感器的管理中心，具有监测传感器的供电、数据采集、预处理、暂存、发送等功能（图4-74）。

董家河为暴雨沟谷型泥石流，通过雨量监测来监测泥石流沟上、中、下游不同位置的降水量和降水过程，为泥石流启动降水量阈值预警提供依据。因此，在泥石流沟上、中、下游各布置一个降水监测点。泥位监测点共两个，分别布设在冲淤变化范围较小地段和弯道处。视频监测点布设在沟道中的上断面处，可通过视频监测来监测泥石流发生地的影像变化信息，通过监测泥石流发生时某处沟道的图像变化达到预警的目的。

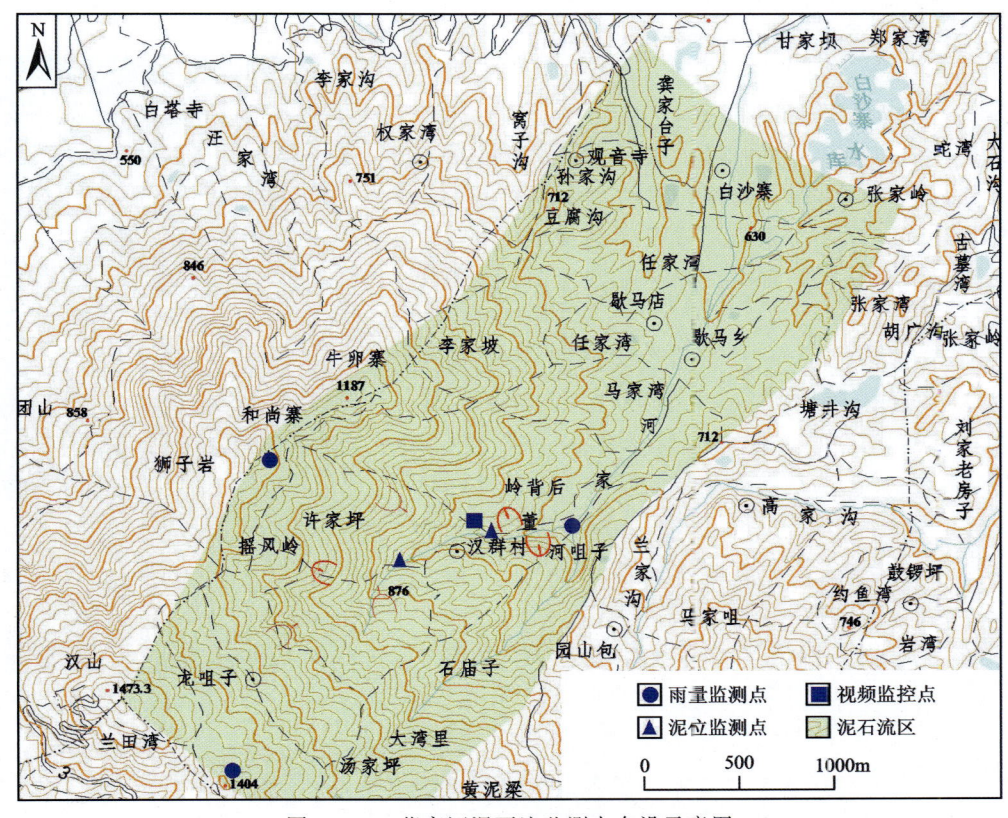

图 4-73 董家河泥石流监测点布设示意图

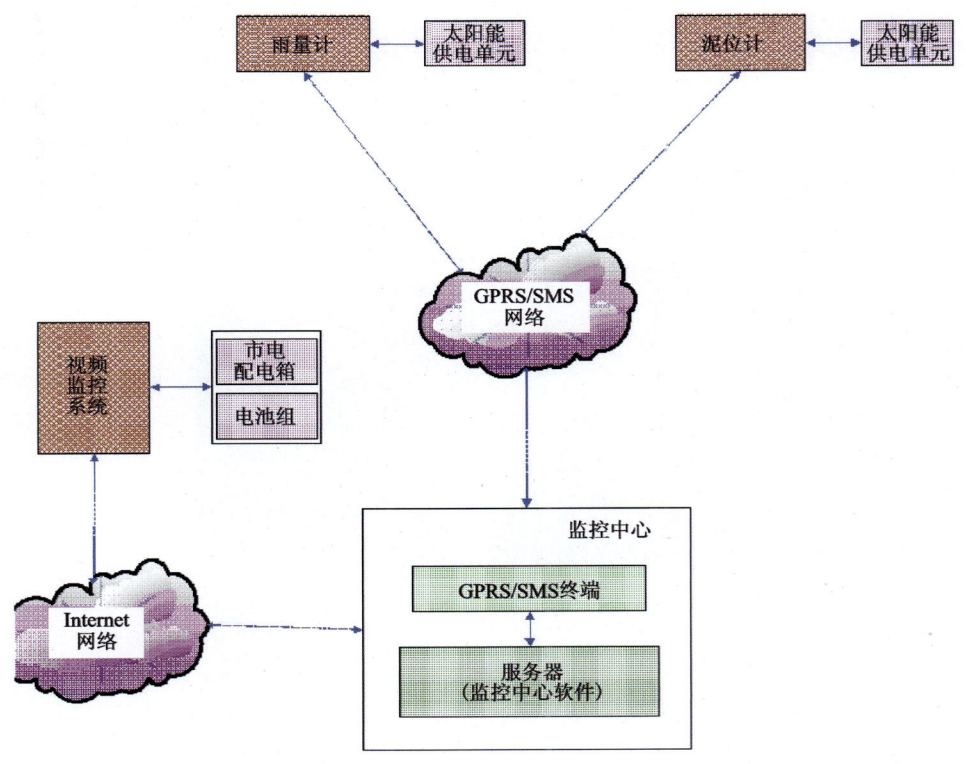

图 4-74 监测预警系统架构图

3. 雨量监测站

采用降水阈值触发工作方式（图4-75）。当降水时，每10min向监控中心发送数据。降水后，每10min进行一次报警判断，当10min降水量大于设定报警阈值（初始设置为18mm，可根据需求进行远程设置）时，启动现场声光报警设备，报警时间1min。同时，上报报警信息，监控中心收到报警信息后，将此报警信息显示在软件界面，并通过短信方式发送给相关人员。

在不下雨时，雨量计定期（可远程设置周期）向监控中心上报状态数据，这时当前雨强、最大雨强均为0。另外，还可设置降水联动触发工作方式，即当降水量达到联动阈值时，触发联动模式，系统自动启动泥位、次声等传感器进行测量。

雨量监测点布设应遵循下列原则。

（1）重点布设在泥石流形成区及暴雨带内。

（2）重点布设在泥石流沟或流域内崩滑体和松散堆积物储量最大的范围内及其上方。

图4-75 雨量计

（3）测点应选在四周空旷、平坦且受风力影响小的地段。一般情况下，四周障碍物与仪器的距离不得小于障碍物顶高与仪器口高差的两倍。

（4）测点布设数量视泥石流沟或流域面积和测点代表性而定。为严密控制形成区，测点布设以网格状为好，泥石流沟或流域面积小的可采用三角形布设。

4. 泥位监测站

泥位计安装在预计泥石流经过的山沟处（图4-76）。在泥石流已经发生的情况下，达到一定规模的泥石流经过超声波泥位计监测断面时，可根据监测到的泥位信息进行预警。对通过超声波检测水面或泥位的位置，定期进行检测，以测量值与初始值的差来表示沟内泥位、水位的变化。

图4-76 泥位计

5. 视频监控系统

视频监控采用Alvarion公司的BreezeACCESSVL系列产品实现点对多点的无线联网。在游客服务中心放置1个BreezeACCESSVL系列的中心端设备AU-120，AU通过连接设备标配的1面15dBi的120°定向扇区天线对应相应区域的两个无线远端点，每个远端点采用1支CPE-SU-A设备通过其室外单元集成的定向天线对应中心点 AU 的扇区天线。每个 AU 最大无线带宽为 54Mbps，各个远端点通过 AU 实现网络互联，共享 54Mbps 的带宽。在理想条件下 AU 实际总带宽可达 20Mbps 左右，从而稳定地实现对泥石流的监测，监控中心也可以对视频监测设备进行远程操控，以适应多种条件的监测要求。

6. 监测预警数据监控中心

数据监控中心软件包括网络部分和后台部分两个模块，其中后台部分负责中心与现场仪器设备的通信，完成数据接收、工作状态控制等功能；网络部分负责监测数据的处理、分析和发布。报警管理模块可进行报警的设置、处理等，可设置多参数、3 个级别的报警条件，可设置多个报警信息接收人，达到报警条件时通过短信推送报警信息，也可设置为自动启动现场的声光报警设备。通过设备指令功能可向现场站点发送启动测量、启动报警、设置上报周期、设置仪器参数、设置联动或报警阈值等指令。监控中心提供监控中心管理、监测项目管理以及监测站点等的管理与维护；提供监测数据、日志、基本信息的查询，可将监测数据输出为 Excel 文件；提供数据分析图，包括降水量柱状图、多参数分析、固定测斜仪位移曲线和历时曲线等；提供用户管理、部门管理、角色管理和运行参数设置等功能。

四、泥石流监测预警报警功能

为了将现场报警信息准确及时地发布给用户，系统针对每个单体泥石流沟或单体滑坡项目提供了 4 级报警功能，即蓝、红、橙、黄 4 级报警。监测对象包括泥位、日位多量、日降水量、最大雨强等参数，各参数可单独设置 4 级阈值，也可组合构成预警模型。在预警模型中，4 级阈值中的各个参数分别设置阈值，当同时满足时发生报警，如将日降水量、最大雨强组合成一个预警模型。根据调查统计资料，综合考虑设置蓝色报警阈值为 45mm/d，黄色报警阈值为 95mm/d，橙色报警阈值为 180mm/d，红色报警阈值为 250mm/d，只有当日降水量达到 40mm 时才会启动报警信号（表 4-6）。

表 4-6　泥石流预警阈值设置示意表（可根据实际情况进行远程设置）

预警等级	阈值	预警值		防御措施
		泥位值	降水量	
—	联动阈值	—	40mm/d	启动联动监测，电话通知站领导
一级 （注意级，24 小时内滑坡发生的可能性较大）	蓝色报警阈值	30cm	45mm/d	短信发送到监测人员手机上，提醒注意防御并加强巡查，密切关注天气预报，以防天气突变恶化
二级 （预警级，24 小时内滑坡发生的可能性大）	黄色报警阈值	50cm	95mm/d	短信发送到相关人员手机上，提醒各有关单位防灾责任人密切关注天气预报，以防天气突变恶化
三级 （警报级，24 小时内滑坡发生的可能性很大）	橙色报警阈值	100cm	180mm/d	短信发送至相关人员手机上，并函告政府部门。启动地方临时应急预案；各有关单位防灾责任人到岗准备应急措施，密切注意雨情变化，如有突变，及时会商
四级 （警报级，24 小时内滑坡发生的可能性极大）	红色报警阈值	100cm	250mm/d	短信发送至相关人员手机上，并函告政府部门。启动地方临时应急预案；疏散区域内所有人员，关闭有关道路。启动应急会商系统，组织人员准备抢险

在监测预警系统中,用户预先设置某项目的 4 个级别的阈值和相关人员手机号码。当监测数值超过某一级别阈值时,报警信息将实时显示在软件界面上,同时会将相应报警信息通过短信的方式发送到相关人员的手机上。

泥石流监测预警系统提供现场单参数报警和监控中心多参数综合预警两种方式,且两种方式互为补充。单参数报警指监测设备自带声光报警设备,监测参数达到报警阈值则启动报警设备,同时上报报警信息。如泥石流次声监测单元作为临灾预警设备,一般布置在泥石流沟下游的人员聚集区域,监测到泥石流次声信号后,可立刻启动声光报警装置,及时通知人群避让。多参数综合预警指系统通过监控中心后台对多个监测参数的综合判断,对灾害发生的可能性进行的 3 个级别的预警。系统可设置多个报警参数,不同报警参数的组合形成报警条件,可设置 3 个级别的报警条件,并可设置多个报警信息接收人。如果达到报警条件,报警信息将实时显示在软件界面上,系统可通过短信推送报警信息,也可自动启动现场的声光报警设备。

第六节 小 结

本章全面总结了国内外地质灾害监测技术、预警技术、物联网技术等,结合秦巴山区地质灾害的发育实际情况,基于性价比与适宜性,探讨了适用于秦巴山区地质灾害的监测预警技术及适宜性,以典型的黄土滑坡、堆积层滑坡、泥石流灾害为突破点,进行了示范建设。针对秦巴山区不同地质灾害灾种的特征,根据地质灾害点分布的实际地形地貌和地层岩性,分类提出了相应监测预警技术,构建并实现了地质灾害特征全方位、自动化和精细化监测预警系统。

(1)针对威胁人数多、治理难度大、短期内全部人口难以实现避灾搬迁的残坡积层滑坡,基于残坡积层滑坡规模小的特点,对滑坡体厚度小于 10m(包括 10m)的堆积层滑坡构建了地表相对位移+图像抓拍监测、地下土壤含水率+孔隙水压力+地下水动态监测结合降水量监测的预警监测技术,建设了地质灾害动态监测软件子系统,实现了远程预警发布子系统,并在秦岭南坡进行了示范建设。

(2)基于黄土古滑坡规模大的特点,提出了空对地的绝对位移监测与地表至深部的相对位移监测相组合的预警理论技术,滑体厚度大于 10m 的黄土古滑坡宜采用"绝对位移+深部位移监测"组合、"雨量+土壤含水率相关性监测"组合及"视频的微观变形与宏观变形监测"组合的监测预警模式,并在秦岭北坡实现了黄土古滑坡的专业监测预警。

(3)基于秦巴山区泥石流的特点,提出了专业人员对于上、中、下游不同位置布设的水源监测、固体物源监测和泥石流运动特性监测相结合的自动监测预警系统,其中水源观测仪器包含雨量计、自记土壤计、三角堰;土源观测仪器为常规地形测量仪器;泥石流体观测仪器包含容重仪、超声波泥位计、遥测地声仪、水准仪、遥测流速仪、烘箱、黏度仪、黏度筛、黏度分析仪等。

(4)尽管目前采用的地质灾害监测技术已经取得了显著的成果,但针对性与精准性有待提高。首先,监测时应根据每一个地质灾害点进行针对性的监测设备布设,针对某一类型地质灾害,确定优势监测参数和监测部位,进行监测内容、监测方法的优化组合,使监测工作高效、实用。其次,不需要追求高、精、尖的监测技术,而应选择发展最为成熟、应用程度较高的监测技术。对于危害程度较大的大型地质灾害体,可选择专业化程度较高的监测技术方法,由专业人员进行操作、维护;对于危害程度低、规模小的灾害体,可选择操作简单、结果直观的宏观监测技术,由地质灾害隐患点群测群防员操作。

第五章　地质灾害预警技术及模式

地质灾害监测预警的基本原理是基于地质灾害现场调查，开展地质灾害敏感性（易发性）评价，在此基础上分区研究降水因素的影响，确定不同地段的临界雨量阈值；基于降水量实时监测和气象部门雨量预报，生成区域灾害预报预警数据及图件，地质灾害防治管理部门根据预报预警结果启动防灾预案。

地质灾害的预报预警在世界范围内都是一个难题，我国的地质灾害成功预警率近年来逐步提升，但也存在一些技术难点，原因为：一是监测预警模型的预警对象是一个较大的区域范围，范围内的地质条件是有差异的；二是预警区以外的范围不能兼顾；三是许多事先确定的隐患点并未发生地质灾害；四是很多潜在的隐患点未被调查人员识别出来。因此，需要提高地质灾害预警水平，首先需要缩小单个预警区的范围，其次针对不同的灾种类型设置不同的降水阈值，最后提高监测手段的适用性和有效性，找到有效的隐患点识别技术方法。以上是解决这一问题的重要途径。

第一节　临界阈值研究

秦巴山区地质灾害发育强烈，数量较多，影响因素复杂，为地质灾害频发的地区之一。区内地质灾害主要受气象水文、地形地貌、地质构造、地层岩性及人类工程活动等因素的影响。为了给秦巴山区群测群防以及监测预警的布设提供科学可靠的依据，有必要结合秦巴山区各县（区）的地质灾害区划和详查资料，从地质灾害点与地质灾害引发因素的相关性入手，探讨秦巴山区地质灾害与各因素的耦合关系，建立区内地质灾害监测预警特征值。

一、研究思路

1. 典型研究区的选取

由前所述，相较于陕北黄土高原、关中断陷盆地，陕南秦巴山区地质灾害是最发育的，而秦巴山区内"陕南三市"（汉中市、安康市、商洛市）地质灾害占比较大，在册的 11 736 处地质灾害隐患点中，三市地质灾害隐患点 6923 处，占研究区隐患点数的 58.99%；2001—2016 年发生的地质灾害点中，发生在三市的地质灾害 3306 起，占研究区地质灾害总点数的 28.17%。这主要基于以下几个方面的原因。

一是三市地跨北亚热带和暖温带两个气候区，由南向北进入三市的温热气流受巴山、秦岭阻挡，导致年均降水量较高，并且主要集中在 5—10 月，夏季多暴雨，秋季多连阴雨，极易引发滑坡、泥石流等地质灾害。

二是长江水系河流密布，河流侵蚀斜坡前缘形成高陡的临空面，不仅降低了坡体稳定性，也为泥石流的发生提供了充足的物质来源和水力、动力条件，三市地质灾害沿河流两岸一定影响范围内呈"带状"分布，靠近河流两岸的地质灾害明显多于其他区域。

三是地形地貌通过控制坡向、坡度、切割程度等，影响风化程度、堆积物、坡积物厚度和方量等来控制着各类地质灾害的分布。

四是泥盆系、志留系、三叠系等千枚岩、片岩抗风化能力差,加之上新统与更新统及第四系以松散堆积物为主,结构松散。

五是南秦岭褶皱系地质构造复杂、褶皱和断裂发育强烈,对地质灾害的形成发育有着重要影响。

六是人类工程活动对地质灾害产生了促进和引发作用,具体表现在陡坡耕植、道路建设以及坡脚开挖、居民住宅建设等方面。

因此,本章重点研究陕南三市相关县(区)的预警技术及建立的相关模式。

2. 监测预警特征值的确定

首先确定滑坡地质灾害为研究对象,影响滑坡的因素主要有地层岩性、地质构造、地形地貌、气象水文、地震与人类活动等因素。在既定的地质环境下,滑坡灾害发生的最主要诱发因素是降水。因此,确定监测预警特征值为临界雨强,采用统计方法,建立滑坡灾害的空间分布与降水过程的统计关系,以达到气象预报预警的目的。

3. 确定降水临界值指标

降水对滑坡的引发机理是复杂的,一方面需要考虑降水强度、持续时长、间断时长的不确定性;另一方面来自斜坡岩性、微观结构、宏观结构的不确定性,两者叠加导致降水入渗强度、入渗深度、蒸发影响深度、土体含水率、自重、孔隙水压力、抗剪强度、失稳破坏模式等呈现出更加复杂的特性。通过分析三市多年来滑坡发生滞后时间与暴雨强度的关系,确定导致滑坡发生的临界雨强区间值;建立降水临界值指标变量与滑坡的统计关系,确定滑坡发生的降水临界值以及三市滑坡发生的临界降水量区间;最终,建立地质灾害预报预警分级制度,并确定相应的防范对策和措施。

二、临界阈值研究

临界雨强可将一次降水过程划分为对产流、产沙有贡献的"有效降水"和下渗后作为蒸发消耗的"无效降水"。降水对滑坡的引发作用,不仅取决于临界暴雨强度,而且与前期过程有关。因此,综合以上方法,在研究区将日降水强度和日综合降水量作为导致滑坡发生的降水特征值进行统计分析。

1. 日降水强度分析

选取2013—2016年内发生的灾害较集中的时间段,分析降水量与滑坡次数的关系,其中5个时间段分别为2013年7月、2013年8月、2014年9月、2015年6月、2016年7月。从图5-1可看出,当日降水强度达到68mm以上时,滑坡发生次数明显增多,通过回归分析初步得出三市临界暴雨强度值为70mm/d。

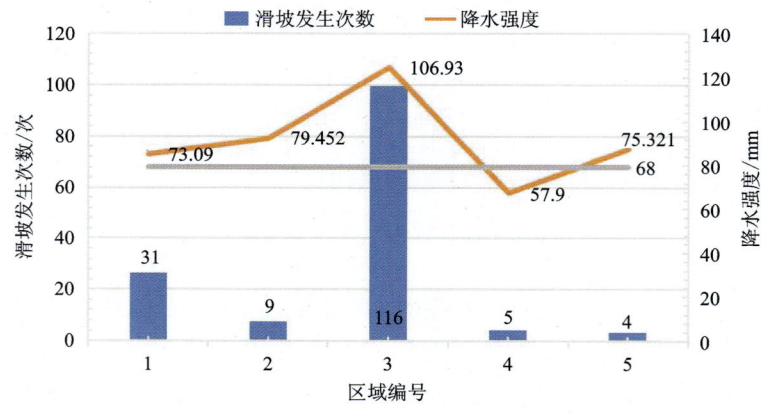

图5-1 秦巴山区临界暴雨强度值分析图

据统计，2012年7月4日汉阴县日降水量峰值达到125.6mm，导致102起滑坡灾害的发生（图5-2），占7月滑坡总数的89.47%，说明日降水强度对滑坡灾害的发生起着决定性作用。

图5-2　2012年7月汉阴县滑坡发生次数与日降水强度关系图

经过对2012—2016年滑坡灾害的发生与滑坡发生当日降水量的对比分析，选取50mm、75mm、100mm、110mm为临界值进行拟合，得到典型研究区日降水强度与滑坡次数关系（表5-1）。从日降水强度与滑坡次数的相关系数、发生次数和排序之间的关系可以看出，汉阴县日降水量为75~100mm时，滑坡发生次数最多，达到43次；镇巴县和商州区是在日降水量达到75mm以上时，滑坡发生次数达到最多，分别为27次和10次；汉阴县、镇巴县和商州区3个区（县）都是在日降水量达到75mm以上时，滑坡发生次数明显增多，因此确定典型研究区发生滑坡的日降水强度的临界区间为75~100mm。

表5-1　典型县（区）日降水强度与滑坡次数关系表

降水强度	汉阴县滑坡次数			镇巴县滑坡次数			商州区滑坡次数		
	相关系数	发生次数/次	排序	相关系数	发生次数/次	排序	相关系数	发生次数/次	排序
≥50mm	0.76	5	3	0.79	8	2	0.78	4	2
≥75mm	0.80	7	2	0.80	27	1	0.80	10	1
≥100mm	0.88	43	1	0.78	5	3	0.76	2	3
≥110mm	0.72	1	4	0.72	3	4	0.73	1	4

2. 日综合降水量分析

滑坡的发生还需要考虑前期降水过程中各日降水量对滑坡发生的影响程度，日综合降水量实际就是考虑前期降水时间和有效降水量的综合概念。通过对滑坡发生的次数与滑坡发生前不同时间（前1日、前5日、前10日和前15日）累计降水量的逐步回归分析，计算出滑坡发生与各降水量因子的相关系数。图5-3至图5-6分别为汉阴县滑坡发生前1日、前5日、前10日、前15日日综合降水量与滑坡发生次数的关系曲线，以日综合降水量50mm作为参考线。通过分析发现，滑坡灾害的发生与滑坡发生前短时间内（1日和5日）的降水量相关性较好，而与较长时间降水量（10日和15日）相关性不大。通过对镇巴和商州区滑坡发生次数与滑坡发生前不同时间（前1日、前5日、前10日和前15日）累计降水量的逐步回归分析发现，与汉阴县的分析结果基本一致（表5-2）。

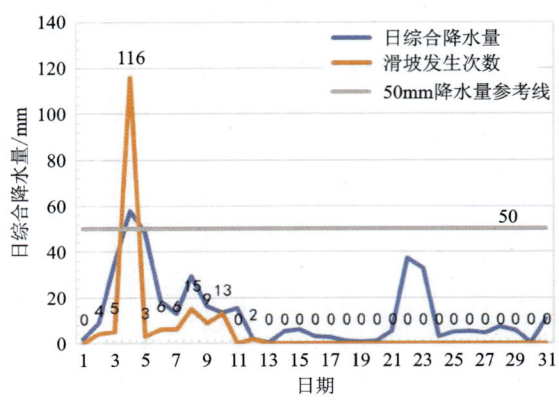

图 5-3 滑坡发生前 1 日降水量因子与滑坡发生次数关系

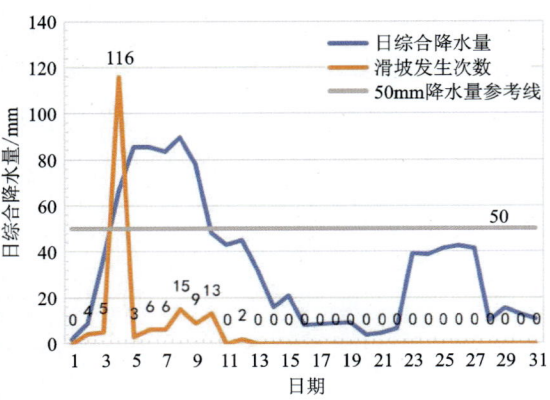

图 5-4 滑坡发生前 5 日降水量因子与滑坡发生次数关系

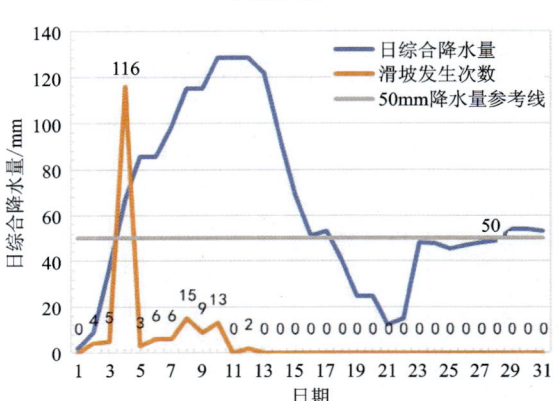

图 5-5 滑坡发生前 10 日降水量因子与滑坡发生次数关系

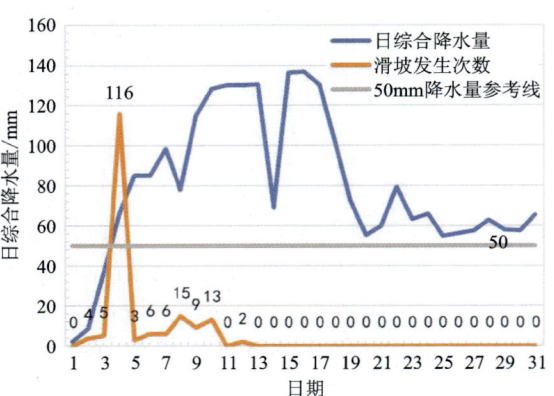

图 5-6 滑坡发生前 15 日降水量因子与滑坡发生次数关系

表 5-2 滑坡前 15 日以内降水量因子与滑坡次数关系表

降水量	汉阴县滑坡次数			镇巴县滑坡次数			商州区滑坡次数		
	相关系数	发生次数/次	排序	相关系数	发生次数/次	排序	相关系数	发生次数/次	排序
前 1 日	0.76	54	1	0.57	30	2	0.51	6	2
前 5 日	0.58	12	2	0.62	42	1	0.65	8	1
前 10 日	0.41	3	3	0.35	5	3	0.38	2	3
前 15 日	0.32	1	4	0.33	2	4	0.29	1	4

三、监测预警特征值的确定

通过对监测预警特征值——临界雨强的分析,得出如下结论。

(1)汉阴县在日降水强度为 75～100mm,日综合降水量超过 75mm 时,滑坡灾害的发生次数明显增多。

(2)镇巴县在日降水强度为 75～100mm,日综合降水量超过 100mm 时,滑坡灾害的发生次数明显增多。

(3)商州区在日降水强度为 50～75mm,日综合降水量超过 75mm 时,滑坡灾害的发生次数明显增多。

通过秦巴山区地质灾害时间分布规律可以看出,秦巴山区内超过95%的地质灾害发生在5—10月,其中7月份发生的地质灾害最多,这与秦巴山区汛期降水充沛、降水量较大有直接关系。因此,根据三市汛期多年月均降水量统计结果(图5-7),商洛市各县(市、区)月均降水量为65mm左右,安康市各县(市、区)月均降水量为80mm左右,汉中市各县(市、区)月均降水量为90mm左右,实际临界雨强统计分析结果也与上图相符。因此,参考典型县(市、区)的特征值数据,将汉阴、镇巴、商州的当日降水量和日综合降水量作为三市滑坡灾害发生的降水临界值的确定依据。

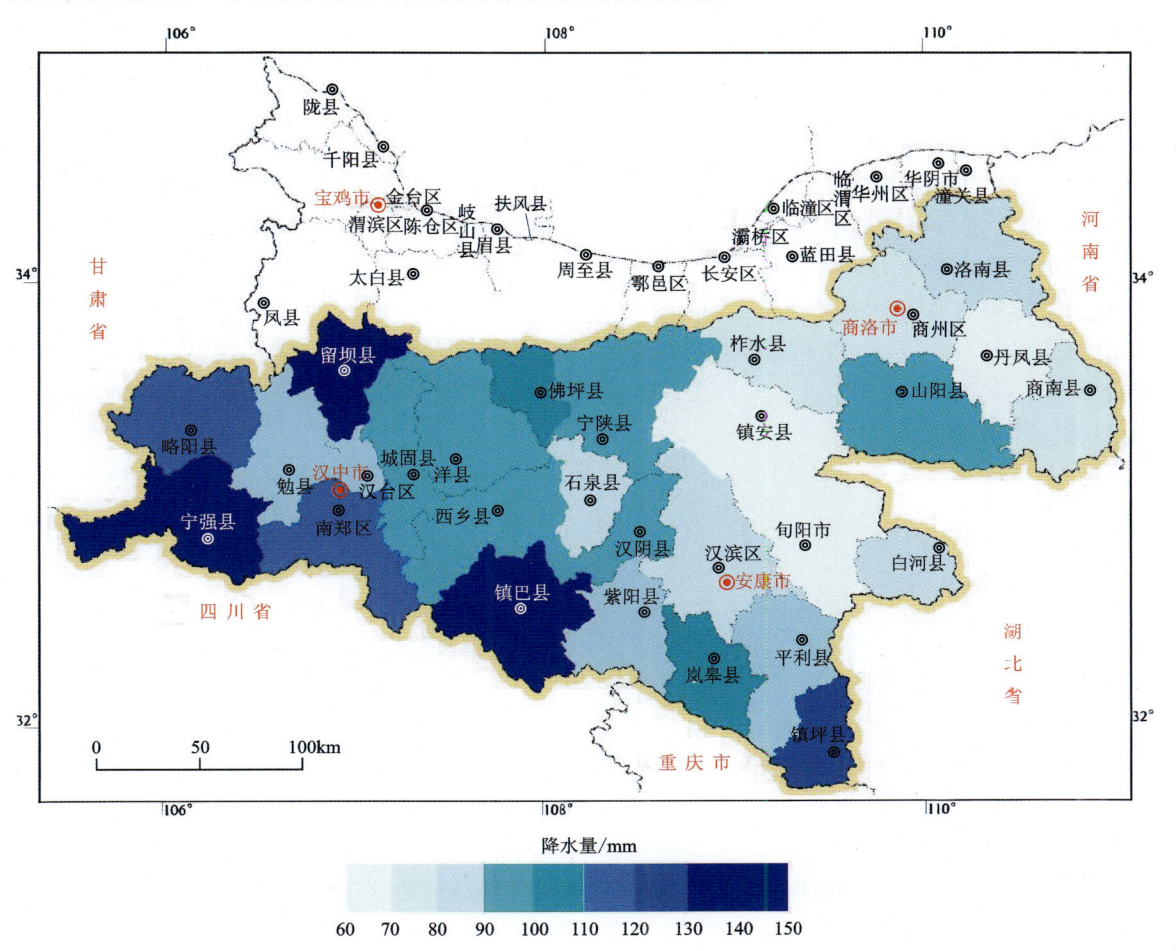

图5-7 陕南三市各县(市、区)多年月均降水量图

四、滑坡灾害预报预警分级

滑坡灾害的发生具有不同的阶段性,参照中国滑坡泥石流灾害预警分级,将滑坡灾害降水临界值分为3级,即滑坡灾害的降水临界值分为启动值、加速值、临灾值。通过对三市不同区域滑坡的临界阈值的研究得出以下结论。

(1)降水量引发滑坡的启动值比较小,平均日降水强度达到50mm或日综合降水量达到75mm时灾点处于危险状态,部分滑坡预警即会启动。

(2)降水强度和日综合降水量的滑坡临灾值一致。这说明无论是一次性暴雨,还是连续性降水,一旦达到滑坡的临灾值,滑坡的临灾状态很快就会来临,并形成一定的规模。

(3)与我国西南地区、鄂西地区的滑坡临灾值相比,三市滑坡的临灾值较小,说明临灾的危险性和突发性强。安康市、汉中市和商洛市滑坡的预报预警分级的临界雨强值见表 5-3。

表 5-3　基于临界雨强的三市滑坡的预报预警分级　　　　　　　　　　　　　　单位：mm

滑坡灾害预警分级	预报级			临报级			警报级		
降水量	启动值(≥)			加速值(≥)			临灾值(≥)		
	安康	汉中	商洛	安康	汉中	商洛	安康	汉中	商洛
日降水强度	70	75	60	75	75	75	100	100	100
日综合降水量	75	75	65	100	100	75	100	100	100

　　由表 5-3 可以得出，安康市在日降水强度达到 70mm 或日综合降水量超过 75mm 时，汉中市在日降水强度达到 75mm 或日综合降水量超过 75mm 时，商洛市在日降水强度达到 60mm 或日综合降水量超过 65mm 时，滑坡预报预警启动，该值即为三市滑坡的预报启动值。此时需要密切关注降水量的变化以及是否有明显的位移变化。

　　安康市在日降水强度达到 75mm 或日综合降水量超过 100mm 时，汉中市在日降水强度达到 75mm 或日综合降水量超过 100mm 时，商洛市在日降水强度达到 75mm 或日综合降水量超过 75mm 时，滑坡临报预警启动，即为预报加速值。此时如果雨势仍未有减弱趋势，需要启动应急撤离预案，为确保人身安全随时做好撤离准备。

　　当日降水强度和日综合降水量均超过 100mm 时，滑坡发生的概率很大。在 1981 年大暴雨期间，陕南多地日降水量超过 100mm，引发多起滑坡，因此设定此值为三市滑坡的临灾值。

第二节　群测群防预警模式

　　《地质灾害防治条例》第十五条规定："地质灾害易发区的县、乡、村应当加强地质灾害的群测群防工作。在地质灾害重点防范期内，乡镇人民政府、基层群众自治组织应当加强地质灾害险情的巡回检查，发现险情及时处理和报告。"

　　地质灾害群测群防工作是地质灾害易发区内广大人民群众和地质灾害防治管理人员直接参与地质灾害点的监测和预防的工作。多年实践证明，单纯使用人工进行监测，定期对地质灾害所出现的宏观变形迹象进行记录，如裂缝的发生及发展、地面沉降、坍塌、塌陷、膨胀、隆起、建筑物变形，对异常现象如地声、地下水异常进行调查记录，及时捕捉地质灾害前兆、灾体变形、活动信息，迅速发现险情，及时预警自救，也可以有效减少人员伤亡和经济损失，该模式直观性强、适应性强、可信程度高。

　　在群测群防模式中，除了人工监测，还辅助使用一些简单仪器。这类监测经历了一个发展阶段，早期在建筑物开裂部位用贴条法、埋钉法、上漆法等，在滑坡裂缝处用拉线法、埋桩法等，测量工具以卷尺、钢直尺和游标卡尺为主。从 2006 年起，群测群防工作中逐渐使用一些简易监测仪器，如雨量预警器、数据传输预警雨量仪、滑坡预警伸缩仪、裂缝报警器、四路位移预警仪、激光多点位移监测预警仪、泥石流地声仪、泥石流远程监视预警仪等，这些仪器在全国各地推广使用达到了较好的效果。

　　在群测群防体系中，陕西省建立了省、市、县(市、区)、乡(镇、街道)、村(组)多级群测群防体系。王洼滑坡的群测群防更具特点：一是建立了"金字塔式"预警撤离体系，联防组长、小组长、户长、群众按 1：3 规模发散，形成"金字塔式"应急撤离救援体制；二是有一个优秀的监测领头人邵汉民，十五年如一日扎根山区、坚守岗位，取得了地质灾害防治监测预警的突出成果。

　　根据汇总结果，截至 2016 年 12 月 31 日，陕西省 2016 年地质灾害群测群防点共计 11 736 处，威胁

95 374户508 198人,房屋398 412间,威胁财产1 487 243.07万元。其中,三市2016年地质灾害群测群防点共计6923处,较2015年减少281处,汉中市减少118处,安康市减少158处,商洛市减少5处(图5-8、图5-9,表5-4)。由此可见,群测群防监测点不是一成不变的,随着工程治理、避灾搬迁、趋于稳定等地质环境条件的变化,群测群防点"有进有出"。为此,本书研究了群测群防动态管理办法、群测群防动态更新库等(图5-10,表5-5)。

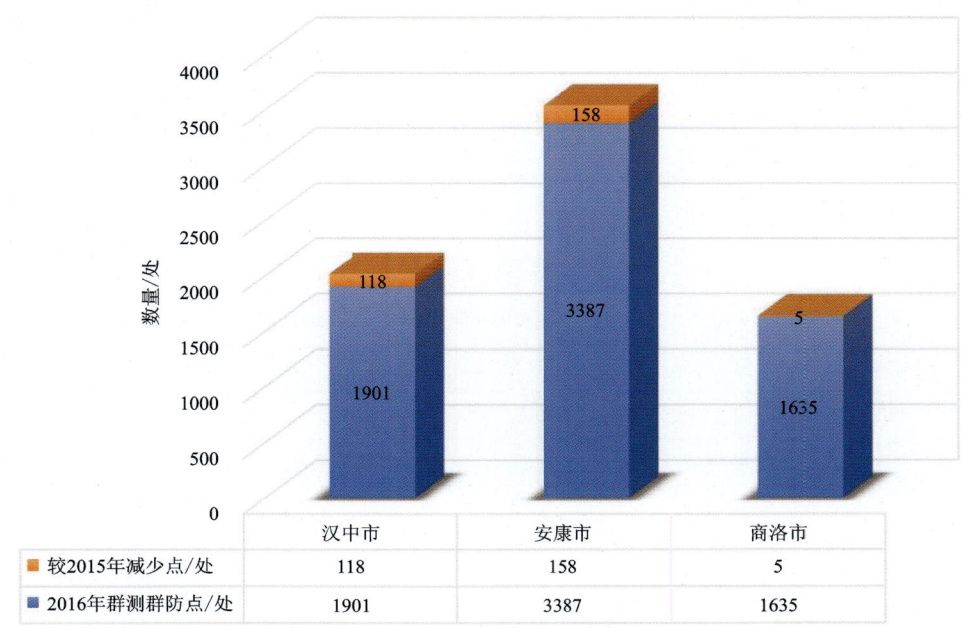

图5-8 三市2016年群测群防监测点情况图

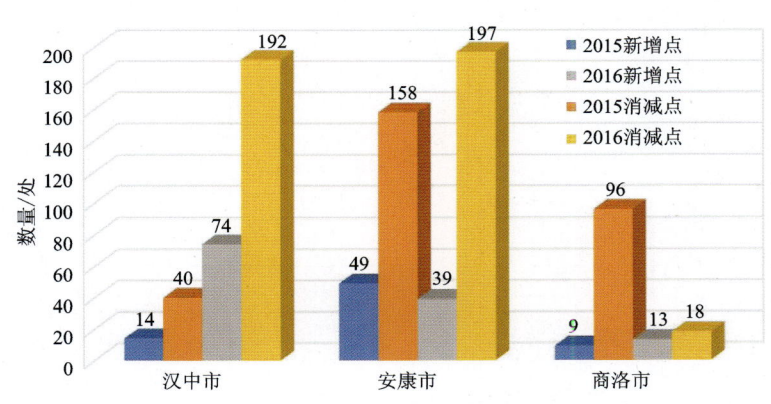

图5-9 三市2016年群测群防监测点动态变化图

表5-4 秦巴山区2016年群测群防点动态变化统计表

单位:处

片区	市	2016年群测群防点			较2015年动态变化		2015年群测群防点
		群测群防点总数	新增点	消减点	按市(区)	按片区	
陕南	汉中市	1901	74	192	−118	−281	2019
	安康市	3387	39	197	−158		3545
	商洛市	1635	13	18	−5		1640
合计		6923	126	407	−281	−281	7204

图 5-10 陕西省地质灾害防治信息平台群测群防动态管理界面

表 5-5 秦巴山区 2016 年群测群防点统计表

名称			汉中市	安康市	商洛市	合计
灾害总数		处	1901	3387	1635	6923
灾害危害	威胁财产	万元	171 001.2	406 994.53	150 826.81	728 822.54
	威胁人数	人	80 501	107 337	57 953	245 791
	威胁户	户	14 835	20 484	12 184	47 503
	威胁房屋	间	63 895	88 749	55 216	207 860
规模等级	巨型	处	7	9	0	16
	大型		83	71	47	201
	中型		398	559	570	1527
	小型		1413	2748	1018	5179
险情等级	险特大型	处	5	12	4	21
	大型		12	11	6	29
	中型		83	91	73	247
	小型		1801	3273	1552	6626
稳定性	稳定性好	处	25	252	140	417
	稳定性较差		1430	2151	695	4276
	稳定性差		446	984	800	2230
灾害类型	不稳定斜坡	处	10	0	1	11
	滑坡		1619	3070	1503	6192
	崩塌		146	136	55	337
	地面塌陷		23	4	14	41
	泥石流		87	177	61	325
	地面沉降		0	0	0	0
	地裂缝		16	0	1	17

第三节　专业监测预警模式

地质灾害专业监测预警模式基于地质灾害监测预警系统,综合运用数据采集技术、传感器技术、现代通信技术、计算机网络技术、数据库技术和预报报警技术,并与地质灾害防治业务紧密结合,设计先进实用、高效可靠、自动化程度高的地质灾害监测与预警系统。能够实现对地质灾害全天候、全天时、全方位、高精度、自动化的监测;同时运用多样化监控平台,及时发布预警信息,有效提高地质灾害信息监测和预警的准确性、时效性及可靠性。在智能化专业监测系统支撑下,结合群测群防网络,对监测员进行知识培训,使监测员完全了解监测预警系统的操作流程,为更好地开展地质灾害防治工作提供科学依据,达到及时发布地质灾害预警信息的目的,以保障人民群众生命安全,减少地质灾害损失。

为满足滑坡地质灾害监测与预警的需要,监测预警系统具备以下几个功能:①监测设备需要具备高精度、自动化、全天候等智能监测条件;②支持实时与事后高精度监测,设立多种监测方式,达到多方位同时监测;③数据中心软件自动化程度高,减少人员维护与管理,支持一机多天线等监测方式,降低监测成本;④可通过计算机技术实现远程控制模式切换、重启、图像视频拍摄等多种功能;⑤实时通过电话、短信等多种方式发布预警信息,支持电脑、手机等多种形式的远程查看。

根据秦巴山区地质环境及地质灾害分布的实际情况,监测预警系统可分为野外信息实时采集系统、地质灾害信息传输网络、智能分析平台、监测指挥中心4个部分,并且与群测群防系统相辅相成。系统构成示意图如图5-11所示。

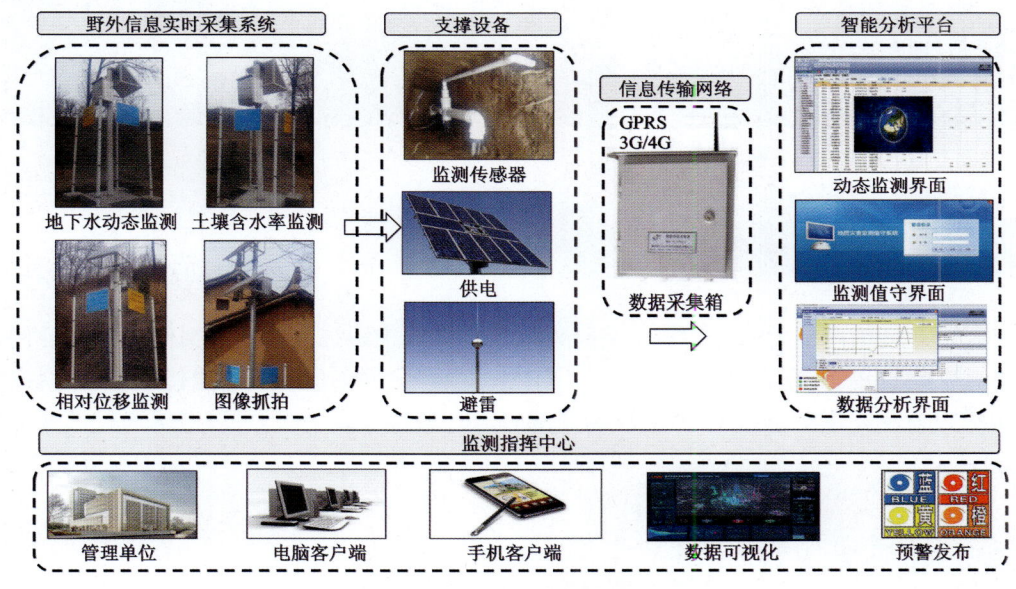

图5-11　监测预警系统构成示意图

一、野外信息实时采集系统

地质灾害监测预警野外信息实时采集系统主要针对地质灾害影响因素设置,由裂缝自动监测仪、深部位移监测仪、激光测距仪、埋桩、埋钉法相对位移监测等位移监测仪器与渗压计、含水率传感器、雨量计等水文监测仪器构成,同时使用图像联动抓拍和视频监测(图5-12~图5-15)。该系统的功能是收集有关雨量、水情和山体位移等数据信息,并将其转换为电信号,对地质灾害体进行实时监测,通过蓄电池和太阳能板进行供电,维持野外信息实时采集系统的正常运转。野外信息实时采集系统中的传感器节点和汇聚节点构成了物联网的基本模型。

图 5-12 裂缝计　　　　　　　　　　图 5-13 地表位移计

图 5-14 含水率计　　　　　　　　　图 5-15 雷视一体机

二、地质灾害信息传输网络

地质灾害信息传输网络的主要功能是将野外信息实时采集系统收集的数据信息传输至智能分析平台数据库中。在构建传输网络时,基于 GPRS/CDMA、3G/4G 网络的远程无线传输技术是首选的方式,针对某些特殊的地质灾害隐患点区域,当现场测试 GPRS 等信号较差时,可以考虑通过部署卫星通信模块进行补充。

三、智能分析平台

智能分析平台主要基于云计算技术,建设大容量数据库,集成具有行业通用性的高性能并行计算、海量数据挖掘及数据可视化等先进手段,并广泛应用地质灾害防治理论成果及专家经验模型,通过对历史和实时的大量野外监测数据进行高性能计算和数据挖掘,结合"一张图"数据库及各项业务数据库(图 5-16,图 5-17),通过收集到的位移、降水量的野外监测资料,准确判断各地质灾害隐患点的现状和发展趋势。

第五章 地质灾害预警技术及模式

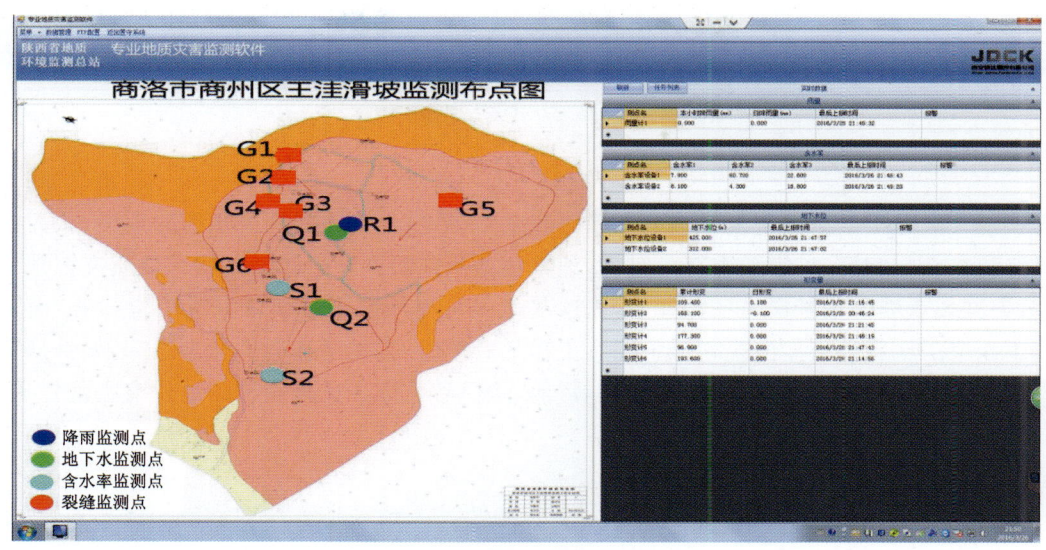

图 5-16 数据库动态监测界面

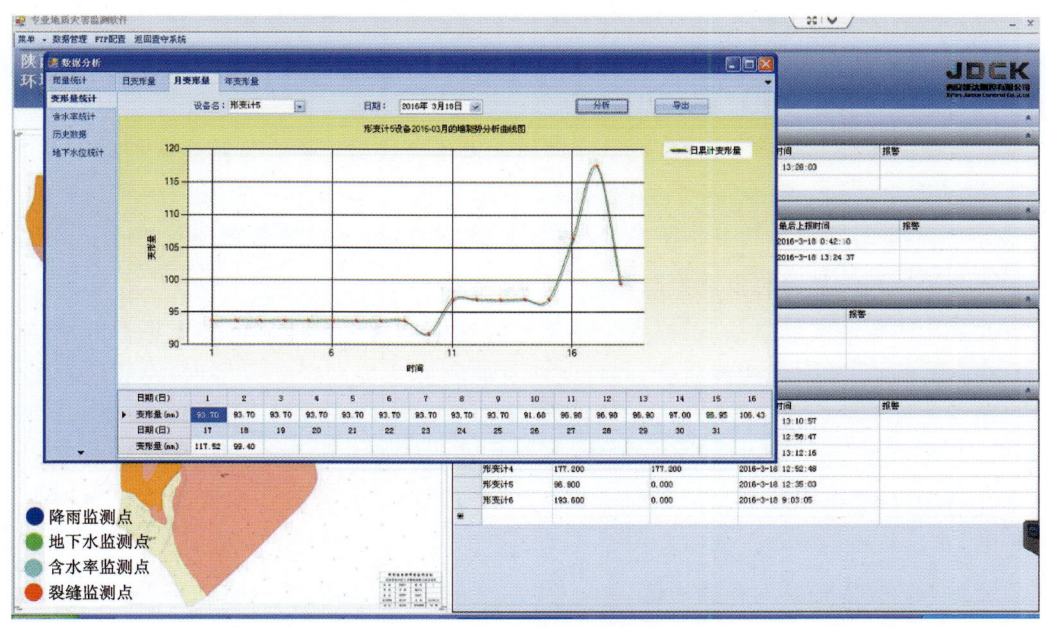

图 5-17 数据库数据分析界面

四、监测指挥中心

在监测指挥中心实现全区域地质灾害监测预警系统与"一张图"综合信息平台、地质灾害远程会场与应急指挥平台、短信平台等现有系统的互联互通,通过图表、地图、三维、文字报告等多种方式对数据进行展示分析,并且将灾情预警信息及时发送到各客户端,确保各监测点监测人员能及时收到灾情信息,对灾害隐患点第一时间进行查看,将变形等监测信息及时反馈到指挥中心,以便指挥中心采取必要的应急措施,为灾害隐患点险情的态势分析、预警和应急联动等任务提供支持。在后期的建设中,系统支持开发运行维护管理 App 软件,提供查看设备运行状态、设备故障信息、通知运维人员、查看故障处理结果、运维知识、设置等功能。

第四节　预警技术

灾害预警一般是指某一灾害发生的地点和时间基本确定,尚未威胁到要预警的地区,从而向该地区发出警报。从狭义上解释,灾害预警就是警报,预警包括从预测到警报的全过程。地质灾害预警一词出现之前,单灾种如滑坡的预警研究已经开始,但这些工作主要局限于科学研究或个别行业,尚未形成体系化。而正如中国地质环境监测院刘传正副总工程师所提出的"文明社会的标志之一,就是预警与防治各种灾害于前,而不是反应于灾害发生之后"。目前,陕西省已形成比较完善的地质灾害预警工程体系。

一、监测预警技术

地质灾害区域监测预警的基本原理是基于地质灾害现场调查和编目,开展地质灾害敏感性(易发性)评价,在此基础上分区研究降水因素的影响,确定不同地段的临界雨量阈值;基于降水量实时监测和气象部门雨量预报,生成区域灾害预报预警数据及图件,为当地政府地质灾害防治管理部门根据预报预警结果启动群测群防和防灾预案提供服务和支持。

目前在本系统所覆盖的陕南秦巴山区内,之所以能基本完成对地质灾害隐患区域的不间断监测,并且通过组建性能稳定的传输网络将各个监测点的实时信息集成,综合外在引发因子和内在地质条件等影响因子分析建模,进行态势分析并预测发展趋势,主要得益于地质灾害监测预警的以下关键技术。

1. 群专结合的地质灾害隐患群测群防体系

在防治方案和防灾预案的基础上,建立比较完善的县、乡、村三级地质灾害隐患群测群防体系。建立地质灾害群测群防点,确定群测群防员,并且定期对群测群防员进行知识培训,发放地质灾害防治工作明白卡和地质灾害避险明白卡。定时组织地质灾害应急演练,重点演练巡查监测、险情速报、应急调查、紧急会商、启动预案、部门联动、应急处置等,提高突发地质灾害应急指挥部各成员单位的应急反应能力和紧急处置能力,积极完成群专结合地质灾害监测预警网络的构建。在智能监测预警的基础上完善群测群防体系,是监测预警系统最主要关键技术之一。

2. 监测装置与数据库的实时数据通信

实时数据通信是滑坡地质灾害监测与预警系统实现的基础。数据通信主要使用 C 语言中的套接字(Socket)类技术,对基准站、监测站通过 IP、端口号进行数据的监听与获取,使用 GPRS、3G/4G、Wifi 等多种通信网络进行数据传输,在个别偏远地区 GPRS 信号较弱的地质灾害隐患点可以考虑部署卫星通信模块。

3. 监测数据多终端、多线程、远程数据控制

在监测系统实际工作时,出现多个基准站、监测站同时要求系统能及时响应,中心服务器需要和多个站点同时建立连接等问题。此时,就需要运用多线程技术,使服务器可以和多个站点同时进行数据通信。在站点发出连接请求之后,服务器为本次请求创建一个新的线程,该线程包含请求站点名称及数据处理方法等,这样系统就实现了多线程处理。线程是程序中的一个执行流,不同的线程可以执行同样的函数,但每个线程的寄存器是严格区分的。

地质灾害监测与预警系统可实现远程对监测站点仪器进行断电重启、接收机复位、接收机动静态模式切换等操作。数据中心软件通过向监测站发送控制指令,实现对监测站的各种远程操作。

4. 采用多种手段组建性能稳定的传输网络。

地质灾害信息传输网络主要用于实现野外现场与监测指挥中心的实时通信,组建灵活、性能稳定、传输速率快、传输链路冗余是传输网络的显著特点。平时基于 GPRS/CDMA、3G/4G 移动通信网络和 WiFi 等进行通信传输,当数据未能按时传回时,可切换至备用的卫星通信链路,并通知相关人员巡查设备情况及网络运行情况。

5. 综合多种影响因子构建预警模型

智能分析平台需要对海量信息进行识别、分类、综合分析、模拟预测等处理,以评估地质灾害隐患点的变化状况。在地形较为复杂的山区,降水型滑坡等地质灾害一般由一系列外在引发因子和内在地质条件等影响因子共同作用形成。智能分析平台选取可以数据化或经过分析整理可以转化成数据的主要影响因素作为风险评价的主要指标,根据地质灾害发育特征、分布规律,对选定的风险评价要素进行分级,选取外在引发因子和内在地质条件等影响因子,利用历史统计法、信息量法、人工神经网络法、模糊评判法、遗传算法等构筑模型,模拟各影响因子对于地质灾害发生的作用大小。当模型提示风险指标超过某具体阈值时,就会向监测指挥中心上报,由监测指挥中心确定是否发布预警信息。

6. 完善的安全体系与物联网系统

采用从物理安全、网络安全、数据安全到应用安全的全方位、一体化的安全体系,保证了地质灾害监测预警系统的安全可靠性,构架于物联网基础上,结合云存储、云计算,提供全新的地质灾害监测现场到国家→省级→市县级等多级监测预警中心的服务模式。

二、监测预警系统功能

地质灾害预警工程是一种长期的、持续的、跟踪式的、深层次的和各阶段相互联系的工作,而不是随每次灾害的发生而开始和结束的活动。区域地质灾害预警工作和单体地质灾害的预测预报是相互依存的两个方面。预警工程不但为紧急状态时提供疏散人群、转移财物和调动救灾设施或物资等服务,更重要的是在建设规划阶段就开始为避免或减轻灾害做出贡献。预警要使用一种尽可能简单、易于理解、易于接受的语言或方式发布预警,包括书面报告或通知、无线电通信、广播系统、信号旗、扬声器、警报器、警报钟和通讯员等。要避免"预警过度",如超过公众承受能力的长期持续预警或多次重复的无效预警,同时应注意研究地质灾害预警的及时解除问题。

地质灾害预警包括地质灾害调查评价(或勘查评价)、观测(监测)系统建设与运行、灾害发展趋势分析会商、预警信息传播、适度的准备反应或防治对策5个步骤,相应包括了预测(1年至10年以上)、预报(1月至1年)、临报(数日)和警报(数小时)等多个层次的多种精度的预警功能。预测是指时间精度较低,着重灾害集中发生的区域,预测基础是调查数据;预报、临报和警报的时间精度较高,必须有系统连续的预测或监测数据和基于正确的区域地质环境分析或地质体变形模式的综合分析。

秦巴山区地质灾害监测预警系统通过分析实时雨水数据、多源降水信息,采用流域分布式水文模型进行地质灾害实时连续模拟和预估预报,并输出流域面降水量信息和土壤含水量信息;然后,结合地质灾害调查评价结果,根据地质灾害预警分析方法计算防灾对象的预警信息;最后,将预报结果及预报预警信息通过监测预警平台为防灾部门提供预报预警信息服务。

1. 预警对象

应将山区城镇、学校、医院和其他人口集中居住区,风景名胜区、文物保护单位、地质公园,工矿企业所在地和蓄水引水调水、交通干线、输电输油输气、网络通信等基础设施及其施工现场的作业区、办公区、生活区,以及依坡而居或村民切坡建房的居住区,列为预警对象。

在选取预警对象的过程中,重点考虑以下因素:①地形因素,关系着地质灾害发生的空间几何条件,由现场调查和测量获得;②工程地质岩组,决定着岩土体的物理力学性质,特别是水理性质,由现场调查和室内试验获得相关资料;③地质结构,控制着岩土体变形破坏机制和模式,由现场调查、测量和室内模拟试验获得相关资料;④大气降水特点,是引发地质灾害的重要自然因素,通过气象站、水文站和雨量站等获得资料;⑤人为工程经济活动,通过改变地形条件、岩土体地质结构和含水状态等加剧或减缓地质灾害的发展趋势。

2. 预警类型

地质灾害的预警主要分为时间预警和空间预警两种类型。空间预警是在一定条件下,比较明确地划定一定时间内地质灾害将要发生的地域或地点。时间预警是在空间预警的基础上,针对某一具体地域或地点(单体),给出地质灾害在某一时段内或某一时刻将要发生的可能性大小。

(1)空间预警:基于地质灾害的主要控制因素(如地层岩性、地质结构、地貌形态、地层突变等)和引发因素(如降水、地震、冰雪消融、人为活动)开展工作。控制因素是基本条件,引发因素在不同地区或同一地区的不同地段常常表现出极大的差异性。比如滑坡的预警需要基于降水量、降水入渗量、地震、人为活动等因素设置相应的预警临界值,泥石流的预警则基于泥位、地声、次声等信息监测仪器。

(2)时间预警:基于地质体稳定状态、引发因素强度及其持续时间和观测精度等开展工作。时间预警一般是在空间预警的基础上,通过专业技术观测、系统的理论分析和专家会商,报有关管理部门后进行预警。单体地质灾害的时间预警可分为宏观前兆预警和精密监测预警。例如乌江鸡冠岭山崩是由采煤引起的,在山崩发生前采煤巷道出现顶板开裂、垮塌和岩爆现象,说明洞内地压活动剧烈。煤矿工作人员据此宏观前兆发出预警,紧急撤离矿工,从而避免了200余人的伤亡。

3. 预警实现途径

系统主要包括降水分析模块、位移分析模块、地质灾害分析模块和预警模块。

降水分析模块可接收地面雨量站实时降水数据,并根据设置的临界雨强进行预报预警。

位移分析模块可储存降水或天然状态下地质灾害隐患点的滑移距离或者裂缝开裂距离,并对数据进行智能化分析,预测其未来发展趋势。系统的分析和预警功能简要介绍如下。

地质灾害分析模块的功能(图5-18)是对地质灾害动态监测如相对位移监测、地下水动态监测、降水量监测、土壤含水率监测等自动化监测系统的数据进行实时采集、传输、存储、分析、管理,对集成降水量以及位移数据等进行合理性分析,在系统中实时展示降水量、降水频率、降水过程和位移数据等监测结果,并将降水量与位移量进行实时对比分析,预测地质灾害隐患点未来发展趋势,实时掌握地质灾害隐患点的安全状态,实现其自动化监测。

地质灾害预警模块的功能是基于地质灾害调查评价结果,结合实时雨水数据及实时位移结果,以流域为单元进行数据分析,当计算结果超过设定值时,将会通过内设的报警平台进行报警,能够将预警信息以短信息或语音的方式发送到指定人员的手机或者专用报警

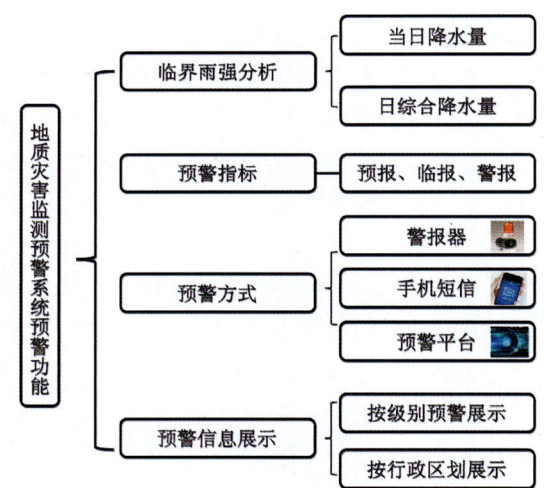

图5-18 地质灾害监测预警系统预警功能示意图

设备上,同时监测员也会通过喇叭喊话及时提醒村民进行撤离,实现对地灾隐患点进行实时动态监测及预报预警。预警功能需要维护发布状态,追踪预警信息是否被有效发送,按照日期或者人员查询曾经发送的定向预警信息情况,完成信息追踪并统计过往发布的定向预警信息。

第五节 小　结

以陕南三市为研究对象,采用数理统计、逐步回归、点对区的空间叠加的方法,破解了汉中市、安康市、商洛市3个市滑坡地质灾害启动、加速、临灾的临界雨强。

(1)采用日降水强度和日综合降水量相结合的方法,建立了区内地质灾害监测预警特征值,得出安康、汉中和商洛滑坡灾害分级预警值:安康市在日降水强度达到70mm或日综合降水量超过75mm时,汉中市在日降水强度达到75mm或日综合降水量超过75mm时,商洛市在日降水强度达到60mm或日综合降水量超过65mm时,滑坡预报预警启动,即为秦巴山区滑坡的预报启动值;安康市在日降水强度达到75mm或日综合降水量超过100mm时,汉中市在日降水强度达到75mm或日综合降水量超过100mm时,商洛市在日降水强度达到75mm或日综合降水量超过75mm时,滑坡临报预警启动,即为预报加速值;当日降水强度和日综合降水量均超过100mm时,此时滑坡发生的概率很大,此值为秦巴山区滑坡的预报临灾值。

(2)构建了群专结合的地质灾害监测预警网络体系;结合GPRS/CDMA、3G/4G移动通信网络和Wifi等先进通信传输手段,组建了性能稳定的传输网络,实现了监测数据多终端、多线程、远程数据控制、监测装置与数据库的实时数据通信。

(3)建设了秦巴山区地质灾害监测预警系统与"一张图"综合信息平台,建立了综合多种影响因子的预警模型;基于物联网技术,结合云存储、云计算,提出了全新的地质灾害监测现场到市级→县级→灾害点等多级监测预警中心的服务模式,实现了地质灾害远程会商与应急指挥平台、短信平台等现有系统的互联互通,提高了突发地质灾害应急指挥部各成员单位的应急反应能力和紧急处置能力。

第六章 监测预警技术的推广应用及成效

第一节 监测预警技术推广应用

示范建设是本书的重要组成部分,但如何推广与应用,使其社会效益最大化,也是本书的组成部分之一。根据秦巴山区上述地质灾害时空分布规律、地质灾害发育特征、地质灾害引发因素与地质灾害相关性的研究,同时基于不同地质灾害类型监测预警技术示范建设、基于地质灾害预警技术与临界雨强的破解,秦巴山区全面推广并应用了监测预警技术。

一、建立共同防范的责任机制,夯实群测群防体系

由前所述,地质灾害是多种引发因素共同作用的结果,但一定有一种主控因素或者诱发因子。在实际工作中,一般很难确定每一种因素的占比,但基本上能分出自然因素与人类工程活动的主次。为此,本书对在册 11 736 处地质灾害隐患点的引发因素进行细致的分析与研究,分析了人类工程活动引发的地质灾害隐患与自然因素形成的地质灾害隐患。

根据"谁引发、谁监测"的要求,一是建立共同防范的责任机制,在此基础上,进一步夯实研究区汉中市、安康市、商洛市全境及宝鸡市、西安市、渭南市部分地区涉及的各个县(市、区)所有地质灾害隐患群测群防体系。二是依靠政府并发挥其在防灾的主导作用,按照《陕西省地质灾害防治条例》建立包括自然资源、应急、交通运输、水利、住房和城乡建设、文旅、教育等防灾体系,最大限度地保护人民群众生命财产安全。

各部门责任机制图见图 6-1。基于共同防范的群测群防体系表见图 6-2 和表 6-1。

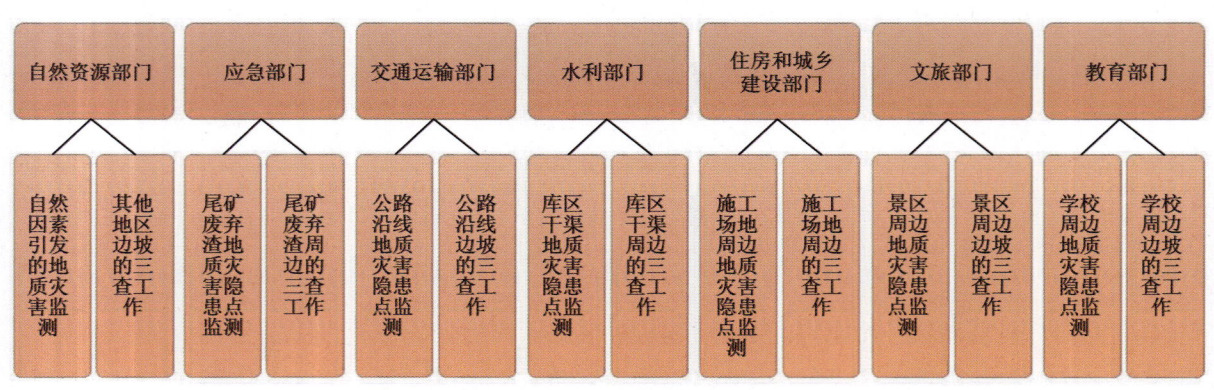

图 6-1 各部门责任机制图

第六章 监测预警技术的推广应用及成效

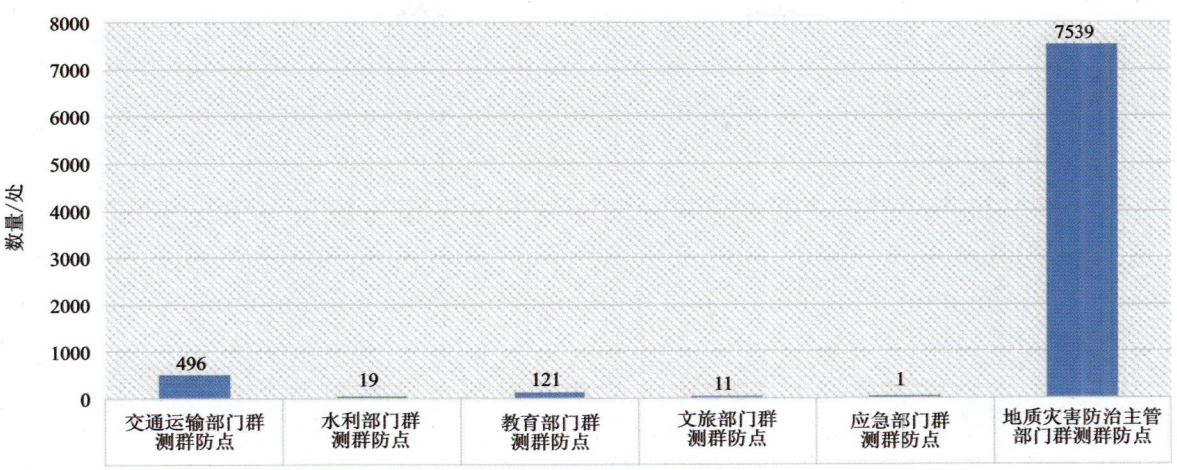

图6-2 基于共同防范的群测群防柱图

表6-1 基于共同防范的群测群防体系表

单位：处

市、县(区)		交通运输部门群测群防点	水利部门群测群防点	教育部门群测群防点	文旅部门群测群防点	应急部门群测群防点	地质灾害防治主管部门群测群防点	合计
汉中市（11）	汉台区	5		2			36	43
	南郑区	1		1			158	160
	城固县	0		2			123	125
	佛坪县	27		2	2		161	192
	留坝县	38		1			93	132
	略阳县	20		11			471	502
	勉县	5		1			110	116
	宁强县	0		1			212	213
	西乡县						120	120
	洋县			3			116	119
	镇巴县	8		1			170	179
安康市（10）	紫阳县	13		8			660	681
	白河县	20		2			254	276
	汉滨区	1	2	9			615	627
	汉阴县	13	1	5			97	116
	岚皋县	41	1	4			225	271
	宁陕县	16		4			218	238
	平利县	7		2			268	277
	石泉县	4		1			270	275
	旬阳市	113		14			358	485
	镇坪县	18	1	4			118	141

续表 6-1

市、县(区)		交通运输部门群测群防点	水利部门群测群防点	教育部门群测群防点	文旅部门群测群防点	应急部门群测群防点	地质灾害防治主管部门群测群防点	合计
商洛市(7)	商州区	3		3		1	140	147
	丹凤县						268	268
	洛南县	9					109	118
	山阳县			18			547	565
	商南县	1		4			177	182
	柞水县	5					82	87
	镇安县	36		7			225	268
宝鸡市(11)	陈仓区						61	61
	凤县	32	2				155	189
	扶风县						1	1
	金台区	1	1	3	1		118	124
	陇县	1			1		13	15
	眉县	15	2	0	2		44	63
	岐山县						13	13
	千阳县						8	8
	市辖区						13	13
	太白县	4					106	110
	渭滨区	3					12	15
西安市(6)	灞桥区	6	3	1			26	36
	鄠邑区	6		1			26	33
	蓝田县		1	1			119	121
	临潼区				2		82	84
	长安区	1	2	2	3		85	93
	周至县	12	3				64	79
渭南市(5)	华州区						45	45
	华阴市	9		3			24	36
	临渭区						35	35
	市辖区						5	5
	潼关县	2					83	85
合计		496	19	121	11	1	7539	8187

二、在群测群防体系的基础上,推广专业监测技术

"人防"向"技防"的转变是现代科技发展的必然结果。秦巴山区地质灾害预警基于群测群防,逐步实现专业自动化监测预警模式,即以专业监测预警技术为核心进行专业调查、监测,与各级地方政府部门建立的群测群防体系相结合。这种预警模式不仅保证了监测预警数据的精准性,而且结合了群测群防模式可信度高、适应性强、性价比高的优点,最终提高监测预警系统的准确性。为此,在各类示范点建设的基础上,依托商洛市地质灾害防治高标准"十有市"建设工作,全面推广监测预警工作。本节以商洛市为例进行研究。

1. 群测群防

商洛市共有地质灾害群测群防监测点1635处(表6-2),其中,滑坡、崩塌、泥石流、地面塌陷、地裂缝数量分别为1504处、55处、61处、14处、1处,占比分别为91.99%、3.36%、3.73%、0.86%、0.06%。每处监测点责任体系由县(市、区)、乡(镇)、村、点4级组成。群测群防点严格执行"一表两卡"制度,编制防灾预案表、工作明白卡,每年汛期前更新,发放防灾避险明白卡;对危害严重的地质灾害隐患点,编制"防抢撤"应急预案;对威胁道路和人口居住相对密集的地质灾害隐患点,设立警示牌。2012年以来,镇安县开展地质灾害群测群防示范县研究,选择镇安县二中滑坡、关岭子滑坡等危害严重、变形迹象明显的37处地质灾害隐患点,采用激光测距法、埋桩法、裂缝伸缩仪法、裂缝自动监测仪等多种监测手段,建立了以定量监测为主、宏观观测为辅,集监测数据智能采集、传输、自动分析预警与管理为一体的新型地质灾害群测群防体系。2013年,镇安县构建了"监测手段多样化、数据集成智能化、预警分析及时化、行政管理支撑化、信息服务一体化"五化模式,有效保证了当地百姓的生命财产安全。其后,镇安县这种群测群防模式在商洛市乃至全省得到全面推广并应用,性价比较高。

表6-2 商洛市地质灾害群测群防监测点统计表   单位:处

类型	商州区	洛南县	丹凤县	商南县	山阳县	柞水县	镇安县	合计
滑坡	136	77	255	177	541	72	245	1504
崩塌	7	12	3	4	8	9	13	55
泥石流	2	21	10	1	14	6	7	61
地面塌陷	2	8	0	0	1	3	0	14
地裂缝	0	0	0	0	1	0	0	1
合计	147	118	268	182	565	87	268	1635

2. 专业监测

根据专业监测的理论基础与王洼滑坡的示范建设成功案例,依托商洛市地质灾害防治高标准"十有市"的建设工作,在商洛市首先推广商州区王洼滑坡专业监测模式,分级开展。其中,一是商州区杨峪河镇民主村王洼滑坡监测预警设备实现了"八有",即有相对位移监测、有地下水动态监测、有土体压力监测、有土壤含水率监测、有降水量监测、有图像抓拍监测、有裂缝报警器、有监测桩;二是由于受经济条件与适宜性的限制,山阳县的高坝店镇高坝店村周湾组阳坡滑坡监测预警设备建设达到"六有",即有相对位移监测、有地下水动态监测、有土壤含水率监测、有降水量监测、有裂缝报警器、有监测桩;三是其他各县(市、区)至少有一处专业监测预警示范点达到"五有",即有相对位移监测、有地下水动态监测、有自动雨量监测、有裂缝报警器、有监测桩。

与此同时,建立重要隐患点简易监测。在商州区对威胁100人以上的地质灾害隐患点实行简易监

测,监测预警设备建设达到"四有",即有相对位移监测、有自动雨量监测、有裂缝报警器、有监测桩。对于一般隐患点常规监测,辖区内威胁100人以下地质灾害隐患点实行常规监测,监测预警设备建设达到"二有",即有裂缝报警器、有监测桩。

商洛市自启动地质灾害专业监测预警工作以来,绝大多数监测设备运行正常,部分运行不正常的设备进行修复维护,并取得了大量的监测数据,为分析和研究地质灾害的发育和趋势发展积累了宝贵的数据和经验。设备布设整合借鉴了其他行业已有的较成熟的监测设备和手段,监测方法较为可靠。

总之,这套技术在商洛市推广运用以来,实现了地质灾害防治工作横向到边、纵向到底,无死角、全覆盖;同时从地灾防治日常工作入手,采取"土洋结合""群专结合"等方法,不断加大监测预警力度;并通过实施地灾综合治理,将主动避灾与扶贫搬迁有机结合等举措,使得商洛全市在册地质灾害隐患点连续5年没有发生一起人员伤亡事故,地质灾害防治工作走在了全省乃至全国前列。

镇安县的群测群防模式、商洛市的专业监测模式,在商洛地区成功推广运用并取得了明显成效后,近几年,相继在研究区的汉中市、安康市两市也得到大面积的推广与运用,经受住了2017年9月下旬至10月上旬降水的考验。

需要特别强调的是:随着物联网的高速发展,监测技术与数据传输实现自动化不是问题,预警信号的发出实现自动化也不是问题,但面对灾害或隐患,"防抢撤"还必须人为干预。因此,在没有独立完美无缺的专业自动化监测预警设备的情况下,只有群专结合或专群结合的监测预警才能实现地质灾害的监测预警,并成功预报,避免人员伤亡和财产损失。截至2016年底,陕西省共建设群专结合专业监测点152处(图6-3),主要在陕南三市,秦岭北坡宝鸡、临潼专业监测点零星分布。

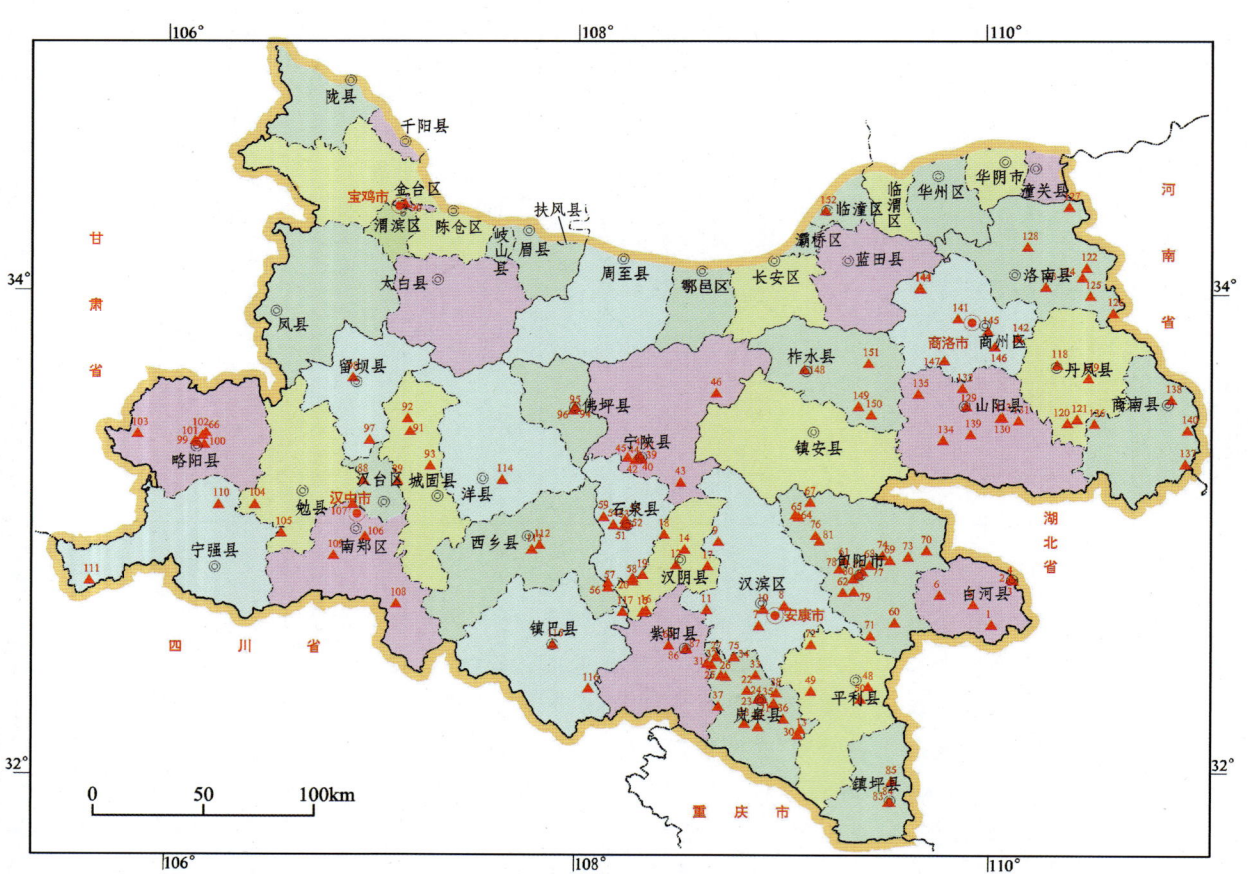

图6-3 研究区群专结合监测预警示范点分布图

第二节 地质灾害成功预报成效

据不完全统计,2001—2017年陕西省成功预报地质灾害559起,避免人员伤亡26 239人,避免直接经济损失40 298.3万元(图6-4)。其中,研究区在2011—2017年成功预报地质灾害共90起,避免伤亡人员3058人,避免经济损失18 933万元(图6-5、图6-6)。

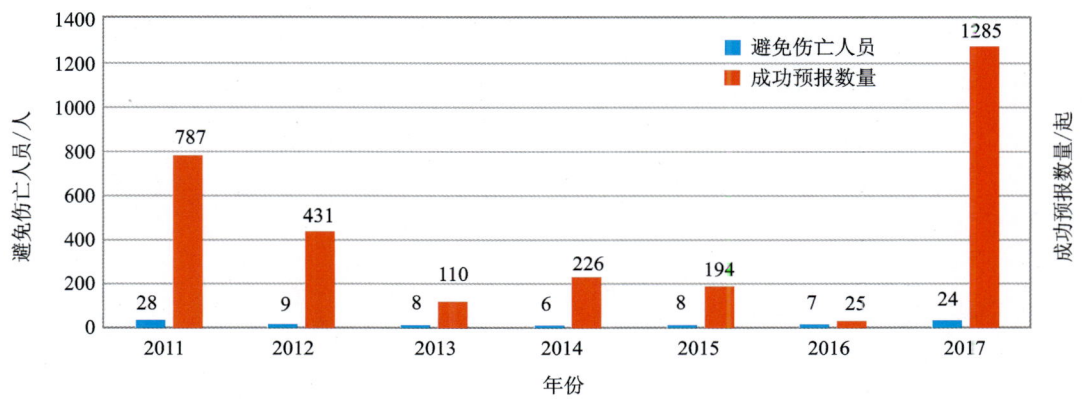

图6-4 2011—2017年地质灾害成功预报数与避免伤亡人数统计图

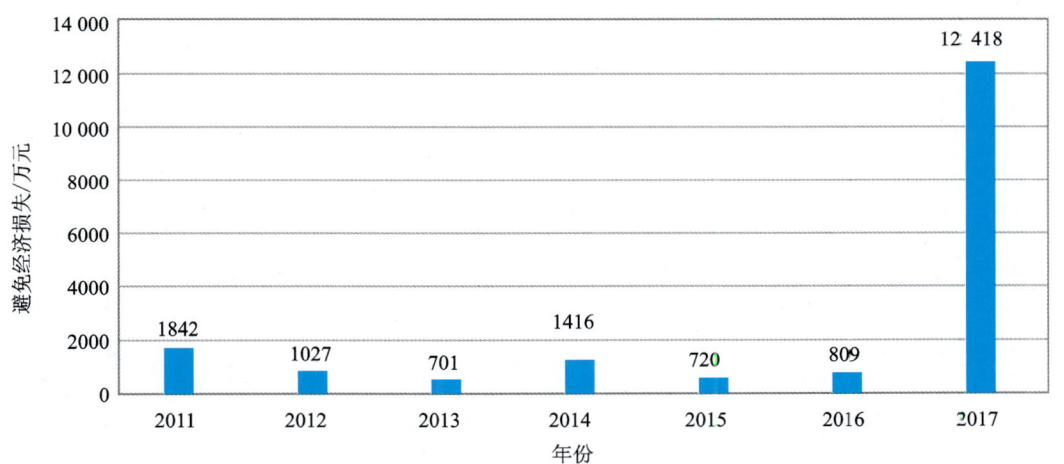

图6-5 2011—2017年地质灾害成功预报避免经济损失统计图

笔者根据多年的成功预报与灾情统计分析发现,陕西省成功预报数在灾情数中的占比在2013年之前很小,多数年份占比处于6%以下,2013—2014年占比高于10%,2015—2017年,占比持续高达20%。这就意味着发生20起地质灾害中就有2起能够成功预报,虽未达到100%,但也"进步"不小,因为地质灾害毕竟有其突发性、隐蔽性、不可预知性等客观条件。

可以看出,陕西省的地质灾害现状从一开始的灾情多、成功预报少的状态,逐渐向灾情少、成功预报多的状态转变。这种状态转变的背后是群众不断提高的防灾减灾意识、先进精密的监测预警设备和科学完善的地质灾害防治体系等多方结合的成果。

图 6-6　2001—2017 年陕西省成功预报地质灾害点分布图

第三节 地质灾害成功预报基本做法

一、开展地质灾害调查评价

陕西省在全国率先完成了全省107个县（市、区）的1∶10万地质灾害调查与区划工作，初步建立了省、市、县、镇、监测人等多级群测群防网络体系。2006年，陕西省以延安市宝塔区为示范地在全国率先启动了地质灾害详细调查工作，历经10年，圆满完成易发区内89个县（市、区）的地质灾害详细调查工作（图6-7），做到了地质灾害易发区内的县（市、区）地质灾害详细调查工作全覆盖。通过两个阶段的

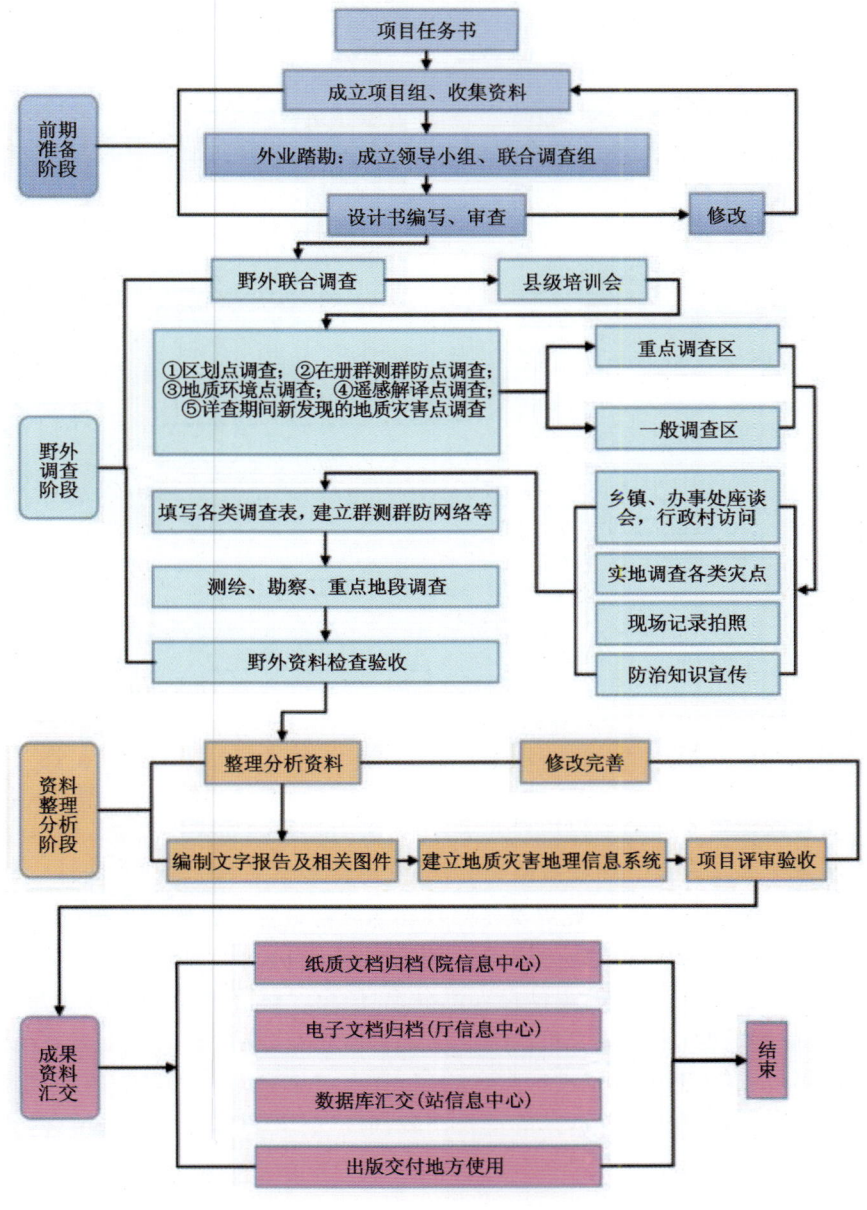

图6-7 地质灾害详细调查技术路线

地质灾害调查,结合年度汛前排查、汛中巡查和汛后核查,全面掌握了全省地质灾害隐患点的基本状况。2017年,陕西又对威胁500人以上的大型、特大型地质灾害隐患点和威胁城镇(结合全省重点示范镇和旅游文化名镇)的危重隐患点进行了工程勘查,并开展了风险评估,为地质灾害群测群防、搬迁避让和工程治理提供了可靠的基础数据。

二、加强地质灾害监测预警

一是地质灾害防治主管部门与气象部门联合,按发生地质灾害的可能性"很大、大、较大、小"及时发布地质灾害气象预报预警信息(图6-8),对地质灾害的防范起到显著的警示作用。

二是夯实群测群防体系建设工作,全省在册地质灾害隐患点的每一位群测群防员长年24小时坚守在地质灾害隐患点上,密切跟踪各类变化迹象,可以说每一起预报的成功都是由基层群测群防人员在第一时间发出临灾前兆信息开始的。

三是大力研发安装专业监测预警仪器,通过专业自动化监测手段提高地质灾害预报预警信息的准确性与及时性。目前陕西省建成自动化程度不断提升,有效避免了群测群防员人为监测不能实时传输数据的局限性,这也为成功预报地质灾害提供了大量的预警信息。

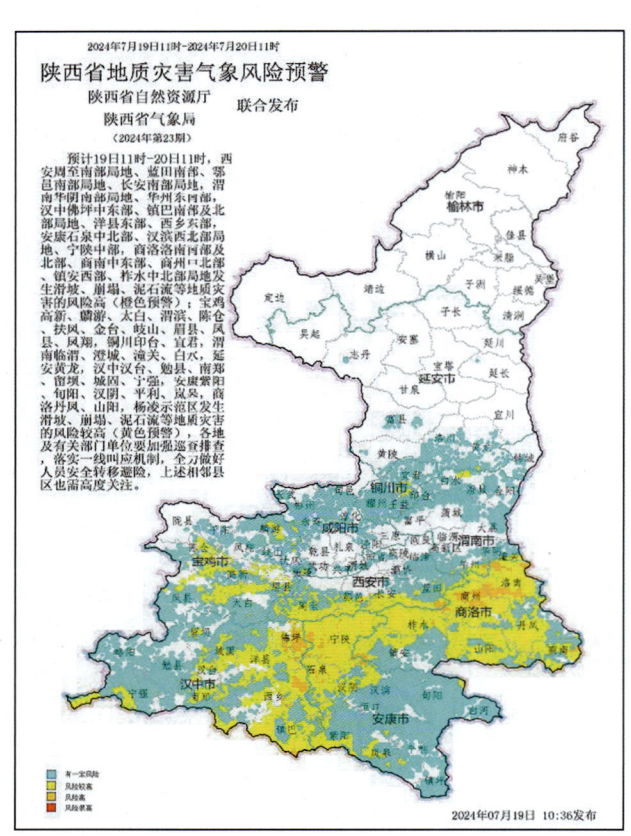

图6-8 省级地质灾害气象风险预警

三、推进移民搬迁工程治理

"十二五"期间,陕西移民搬迁和工程治理两手发力,大力消除地质灾害隐患。2010年陕南特大山洪泥石流灾害,造成了重大人员伤亡。围绕摆脱灾害侵袭、加快脱贫致富、与全省同步够格进入全面小康社会的目标任务,2011年5月,省委、省政府决定启动实施陕南避灾移民搬迁工程(图6-9)。"十二五"期间,随着汉滨区大竹园镇七堰村移民搬迁的实施,陕西大规模启动了地质灾害避险搬迁,共搬迁受地质灾害威胁群众6.89万户24.63万人,累计投入资金40亿元。根据《陕西省地质灾害防治"十三五"规划》工作部署,对于受威胁的群众,实现应搬尽搬。在工程治理上,陕西省对于因自然引发、难以搬迁的地质灾害隐患点,由县(市、区)政府筹资进行工程治理,省上对威胁100人以上的地质灾害隐患点治理给予一定的治理经费补助。对城镇区域内,危及人口多、财产巨大的重大隐患点治理,积极争取中央财政专项资金治理。

图 6-9　移民搬迁安置点工程治理

四、地质灾害防治平战结合

根据地质灾害汛期与非汛期,地质灾害防治分为平时与战时,汛期基本进入战时状态,平时做好地质灾害应急演练、宣传培训、巡查排查等工作(图 6-10)。战时承担地灾应急技术支撑,包括地质灾害应急调查、应急排查、灾害现场救援技术方案编制等。

图 6-10　省级技术人员向群众科普宣传、日常巡排查、指导基层应急演练

五、全年 24 小时应急与值守

地质灾害应急值守全年无假期。值班人员以高度负责的精神,坚守岗位,接听好每个电话、电传,做好详细的值班和交接班记录,确保地质灾害气象风险预警、群测群防、专业监测、突发险(灾)情等信息渠道畅通,及时妥善处置突发地质灾害。同时,积极应用先进的监测设备,提升地质灾害应急处置救援、调查排查能力,及时避免因灾造成的二次伤亡。

六、开展应急演练宣传培训

为了提升受地质灾害威胁群众的防灾避险能力,将地质灾害应急演练及宣传培训作为防范地质灾害的主要抓手,一是专门下达演练指标和培训指标;二是充分利用世界地球日、防灾减灾日、安全生产日等开展宣传培训(图 6-11)。

图 6-11　省级地质灾害应急演练

第四节　地质灾害成功预报模式

地质灾害的成功预报关键在于灾害发生前能够及时发布临灾预警，人民群众能及时撤离或转移财产至安全地点，从而有效避免人员伤亡和减少经济损失。通过分析，陕西省地质灾害成功预报主要分为以下 4 类。

一、群测群防型

群测群防员或受地质灾害威胁的群众在日常生活生产工作中，根据自己掌握的地质灾害防治知识，如发现落石、房屋开裂、渗水等异常现象，或通过实地勘察，发现坡体上有明显的临灾征兆，进而迅速组织群众撤离至安全地点，避免了人员伤亡或经济损失，这种成功预报地质灾害的模式，本书称为群测群防型。

2016 年 6 月 5 日 16 时，旬阳市赵湾镇王庄村村民委员会主任在农耕时发现后岩上有碎石掉落（图 6-12、图 6-13），遂组织村干部对山体进行全面细致巡查，发现山体上出现了裂缝，有崩塌变形迹象。村干部立即组织山体正下方居住的 40 户当天在家的 68 名村民迅速撤离。当日 18 时 10 分，该处发生山体崩塌，大量石头滚落，损毁村民房屋一间、烟地 3 亩、林地 38 亩、10kV 二级电杆 2 根，砸死山羊 5 只，直接经济损失 40 余万元。由于预报及时，撤离迅速，避免了 68 人伤亡，避免直接经济损失 340 余万元。

图 6-12　崩塌现场

图6-13 应急处置

二、巡查排查型

专业技术队伍、地质灾害防治相关人员在开展汛前（雨前）排查、汛中（雨中）巡查、汛后（雨后）核查"三查"工作中，发现险情而做出预报预警，发出预报预警信号，采取相应的措施，有效避免了人员伤亡或经济损失，这种成功预报地质灾害的模式，本书称为巡查排查型。

2017年9月27日10时30分左右，旬阳市蜀河镇蜀河社区居民委员会主任等人在进行日常地质灾害"三查"工作时（图6-14、图6-15），发现蜀河社区四组（黑沟）村民房后地面出现较大裂缝，有滑坡迹象，立即组织坡体下方2户7人及沟道下游两侧21户53人共计23户60人转移到安全地带。当日11时10分，该处开始发生滑坡，15时40分大面积下滑，滑坡方量约7000m³。由于预警及时，撤离迅速，避免了23户60人伤亡，避免了直接经济损失450余万元。

图6-14 蜀河社区四组（黑沟）滑坡现场

2017年9月以来，紫阳县连续遭遇强降水天气，9月27日下午16时左右，汉王镇安五村村委会主任带队进行巡查时（图6-16），住户报告在自己房后坡地上出现了裂缝，带人对现场进行了查看，认为相当危险，立即将2户共15人进行转移撤离。10月3日中午11时20分左右坡体发生滑坡、崩塌，规模60余立方米，碎石土冲进屋内，造成房屋受损，因提前将人员进行了撤离，避免了2户15人的伤亡。

图 6-15　蜀河社区四组(黑沟)滑坡应急处置现场

图 6-16　汉王镇安五村滑塌致房屋受损

三、专业监测型

依托于建设的各类专业监测预警示范点,通过监测预警系统启动预报预警信息,或者直接通过手机客户端与现场喇叭发送监测预警音频信号,从而让受地质灾害威胁的人员及时撤离至安全地点,避免人员伤亡,这种成功预报地质灾害的模式,本书称为监测预警型。

例如王洼滑坡的监测预警系统实现了县、市、省三级网的互联互通,预警信号第一时间在县级监测预警室发布。自 2015 年以来,这套监测预警系统发布了多次撤离信号,成功避免了预警点受地质灾害人员的生命财产损失。也正是因为这种不稳定变化趋势,王洼滑坡体上受威胁住户已经被纳入陕南移民搬迁计划,进行异地集中安置。

再如陕西周至国道 G108 K1393+300~K1393+600 段,从 2017 年 10 月开始,山体处于不稳定状态,鉴于国道 G108 为周至通往佛坪的重要交通要道,来往重型货车、客运班车不断。长安大学承担该崩塌的监测任务(图 6-17、图 6-18),发现变形迹象后,迅速启动预报预警信号。2018 年 2 月 19 日早上 5 点 45 分崩塌,由于预警准确,春节前垮塌现场段国道 G108 道路封闭及时,未发生人员伤亡。

本次监测预警并成功预报地质灾害的发生,也正是绝对位移(滑坡仪)监测保驾护航,是科技防灾减灾的典型案例。案例也再次证明了专业监测预警的有效性。

图 6-17　陕西周至国道 G108 K1393+300～K1393+600 段监测点平面布置图

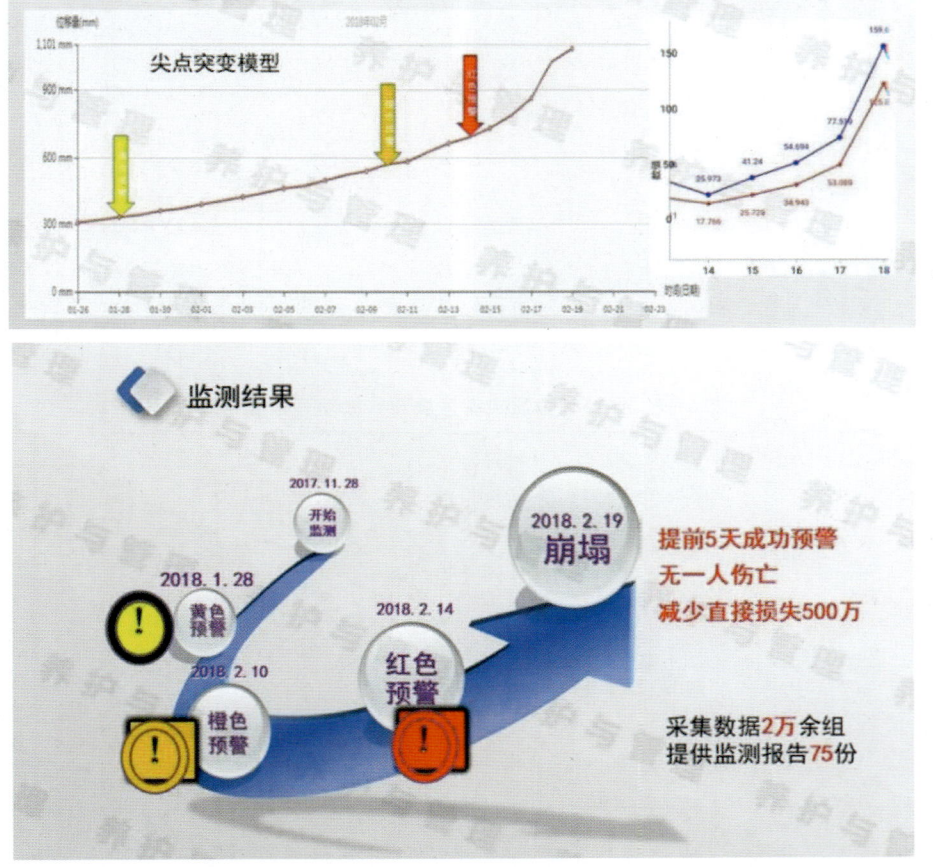

图 6-18　崩塌监测数据分析、预警及监测结果（资料来源：长安大学李家春资料）

秦巴山区成功预报的案例中，大部分与群测群防巡排查有关，近年来专业监测成功预报率逐步提升，因为专业监测点不仅成功预报自身的稳定状况，由于仪器的安装、架设、警示牌的设置等均起到了较大的宣传与警示作用，对周边同类地区的变形也有早预知、早识别的功效。

四、气象预警型

根据省、市、县发布的气象预警产品或信息,相关部门加强巡排查力度,提醒监测人和责任人提高警惕,发现临灾征兆,迅速启动"防抢撤"预案,及时发出预报预警信号,按照撤离路线,引导人民群众及时撤离至安全地点,这种成功预报地质灾害的模式,本书称为气象预警型。

2017年5月2日以来,安康市镇坪县普降大到暴雨,5月3日,镇坪县国土资源局(现镇坪县自然资源局)会同气象局联合发布地质灾害预报预警。5月3日15时45分,白坪村村委会班子在村民委员会主任的带领下,对1户7人实施了紧急转移避险。5月4日凌晨1时15分,该滑坡整体下滑(图6-19),已滑塌土石7000余立方米,堵塞公路。由于排查到位,预报预警及时,成功安全撤离受灾的1户7人。

分析2013—2016年区域性地质灾害监测预报区内的成功预报数占比数据发现,区域性预报预警对成功预报贡献率在8%~36%之间(表6-3),由于区域性预报预警的范围没有针对性、精细化程度较低,人们难免麻痹大意。

图6-19 白坪村滑坡灾害发生现场

表6-3 区域性地质灾害监测预警成功预报分析表

发布 (年份)	发布预报 预警产品	当年地质灾害 成功预报数	预报区内 成功预报数	避免损失		预报区内成功 预报占当年比例
				避免人员伤亡	避免财产损失	
	次	次	次	人	万元	%
2013	23	52	10	628	366	19.23
2014	12	18	5	87	838	27.78
2015	5	11	4	105	324	36.36
2016	7	12	1	36	10	8.33
合计	47	93	20	856	1538	

纵观上述成功预报的模式,成功预报贡献率由低到高依次为专业监测型、巡查排查型、气象预警型、群测群防型,基本呈"金字塔"分布。一般辩证地分析,四者相辅相成,在实际工作中难以分割,又是一个统一的整体。如果没有气象预报预警,人们可能向山高坡陡的地方前行而不知身处危险境地;没有群测群防员的巡查排查,人们很难发现山体的变形特征而发出信号;如果边坡缓慢变形,日积月累形成质变时,没有专业仪器的预报预警,人们可能在"温水煮青蛙"而遭受灭顶之灾。

第五节 小　结

在区域性地质灾害气象预报预警、单体地质灾害示范建设的基础上,研究区成功地推动了地质灾害的监测预警工作,建立了多部门共同防范的群测群防体系、群专结合的监测预警体系、县(市、区)级地质灾害气象预报预警,取得了较大的社会效益,提出了地质灾害成功预报的模式并加以定义。

(1)在省、市、县(市、区)、乡(镇或街道)、村(组)、监测点多级群测群防体系的基础上,依托于镇安县地质灾害防治高标准"十有县"及商洛市地质灾害防治高标准"十有市"建设工作,以"镇安群测群防模式+商州王洼滑坡专业监测预警模式"为样板或示范,首先在商洛市推广该群专结合或专群结合的监测预警模式,最后在研究区全面推广与应用,截至2016年底建成监测示范点152处。这些监测预警技术的推广与运用在2017年9月下旬至10月上旬陕南三市强降水过程中发挥了较重要的作用,成功预报了多起地质灾害。

(2)研究区在2006—2017年,成功预报地质灾害共152起,避免伤亡人员8821人,避免经济损失24 640万元。地质灾害现状从一开始的灾情多、成功预报少的状态,逐渐向灾情少、成功预报多的状态转变。这种状态转变的背后是群众不断提高的防灾减灾意识、先进精密的监测预警设备和科学完善的地质灾害防治体系等多方结合的成果。

(3)研究近年来陕西省地质灾害成功预报的模式与监测预警的相关性认为:全省地质灾害的成功预报除了监测预警发挥一定的作用外,地质灾害的调查评价、工程治理或移民搬迁、应急值守等也起到了较好的作用。

(4)总结地质灾害成功预报的模式有专业监测型、巡查排查型、气象预警型、群测群防型,成功预报贡献率由低到高基本呈"金字塔"分布。

(5)4种成功预报的模式是相辅相成和难以分割的整体。

陕西省成功预报的模式是区域地质灾害气象预报预警与现场专业监测预警+群测群防监测预警+汛期巡查排查有效融合的模式。

第七章　主要结论与成果局限性

一、主要结论

1. 地质灾害发育特征

秦巴山区地质灾害以滑坡、崩塌和泥石流为主,其中滑坡灾害最为发育,其次是崩塌和泥石流。

2. 地质灾害发生的时间

从年内分布来看,秦巴山区97.11%的地质灾害发生在5—10月;在年际变化上,秦巴山区地质灾害发生数量呈波动变化态势,每3～5年易出现特大型地质灾害,主要受降水年际变化的影响。

3. 地质灾害空间分布

秦巴山区地质灾害隐患点在各个县(市、区)内分布不均。低山丘陵区和中山区地质灾害及隐患点最发育,黄土台塬区和盆地内相对较少。

4. 地质灾害主要引发因素

(1)地质灾害与残坡积碎石土、强风化的片岩和千枚岩相关性较好。

(2)坡度与地质灾害相关性显著,滑坡主要位于20°～40°坡体,崩塌主要发生在40°～60°坡体。

(3)地质构造对地质灾害影响突出,秦巴山区地质灾害集中分布于紫阳-平利小区、徽县-旬阳分区、金堆城小区等地,秦岭褶皱与扬子地台结合部位隐患尤为显著,以紫阳县为典型代表。

(4)地质灾害与地震呈明显正相关,秦巴山区存在0.20g的峰值加速度分界线,大于该值时地震诱发地质灾害的可能性大增,小于该值时则可能性较小。

(5)降水量与地质灾害呈正相关,地质灾害多集中于年平均降水量小于1000mm的区域,其中700～1000mm的降水量区间灾害最为多发。

(6)人类工程活动是重要引发因素,道路建设、削坡建房等行为与地质灾害关联紧密。

5. 地质灾害监测预警技术

(1)残坡积层滑坡监测技术:以王洼滑坡为例,针对秦巴山区滑坡体厚度小于10m特点,构建了"地表相对位移+图像抓拍"监测、"地下土壤含水率+水位+降水量"组合的监测预警技术,实现了远程监测预警。

(2)黄土古滑坡监测技术:以八角寺滑坡为例,针对黄土古滑坡规模大、滑体厚度大的特点,提出了"地表绝对位移监测+深部相对位移监测"组合的监测预警技术。

(3)泥石流监测技术:针对高频或低频泥石流沟特征,综合运用雨量监测、泥位监测、地声监测等技术手段探讨了监测预警方案。

(4)降水强度监测技术:陕南三市日降水强度达到70mm/d时,地质灾害的风险显著增加,且滑坡灾害的发生与前1～5日综合降水量的相关性较好。

6. 地质灾害成功预报实践

在地质灾害成功预报实践方面,秦巴山区已形成专业监测、巡查排查、气象预警、群测群防四大核心预报模式。数据显示,群测群防与巡查排查两类模式的成功预报率尤为突出,这一成果与基层防灾减灾意识持续增强、响应机制不断完善密不可分。

二、成果局限性

本书研究了秦巴山区地质灾害的时空分布规律与发育特征,剖析了地质灾害与各引发因素的相关性,探讨了地质灾害监测预警技术的适宜性,并针对典型黄土滑坡、堆积层滑坡、泥石流灾害开展了示范建设与监测工作。需要说明的是,在本书截稿之际,陕西省正推进普适型监测点建设、监测预警及运行维护以及气象风险预警的精细化研究等相关工作,这些研究内容未能纳入本书,后续将作为作者的重点研究方向持续推进。

主要参考文献

白永健,铁永波,倪化勇,等,2014.鲜水河流域地质灾害时空分布规律及孕灾环境研究[J].灾害学,29(4):69-75.

杜亮,2017.基于GIS的温州市滑坡灾害时空分布及影响因子研究[J].甘肃科技,33(7):24-28.

管群,刘浩吾,2002.地质灾害特征的可视化模拟研究[J].岩石力学与工程学报,21(4):513-516.

何芳,徐友宁,陈华清,等,2008.西北地区矿山地质灾害的现状及其时空分布特征[J].地质通报,27(8):1245-1255.

何芳,徐友宁,乔冈,等,2012.中国矿山地质灾害分布特征[J].地质通报,31(增刊1):476-485.

胡高社,门玉明,刘玉海,等,1996.新滩滑坡预报判据研究[J].中国地质灾害与防治学报,7(增刊1):67-72.

黄润秋,许强,1997.斜坡失稳时间的协同预测模型[J].山地研究(1):7-12.

黄玉华,武文英,冯卫,等,2015.秦岭山区南秦河流域崩滑地质灾害发育特征及主控因素[J].地质通报,34(11):2116-2122.

巨安祥,安芳东,2000.紫阳县"2000.7"特大暴雨山洪灾害成因及预防措施[J].陕西水利(6):20-21.

兰恒星,周成虎,王苓涓,等,2003.地理信息系统支持下的滑坡-水文耦合模型研究[J].岩石力学与工程学报,22(8):1309-1314.

雷祥义,黄玉华,王卫,2000.黄土高原的泥流灾害与人类活动[J].陕西地质,18(1):28-39.

李东升,王庆珍,潭小平,2016.重庆干线公路地质灾害断道时空分布规律分析[J].中国地质灾害与防治学报,27(1):123-129.

李俊宝,陈良良,2020.三维激光扫描技术在危岩体形变监测中的应用[J].测绘与空间地理信息,43(7):216-218,224.

李天斌,1999.贺兰山NNE向反"S"型构造的弹性力学探讨[J].西北地质(2):12-18.

李媛,曲雪妍,杨旭东,等,2013.中国地质灾害时空分布规律及防范重点[J].中国地质灾害与防治学报,24(4):71-78.

林孝松,郭跃,2001.滑坡与降雨的耦合关系研究[J].灾害学,16(2):87-92.

刘传正,李铁锋,程凌鹏,等,2004.区域地质灾害评价预警的递进分析理论与方法[J].水文地质工程地质,31(4):1-8.

刘传正,张明霞,孟晖,2006.论地质灾害群测群防体系[J].防灾减灾工程学报,26(2):175-179.

刘海南,李永红,杜江丽,等,2016.陕西省神木县地质灾害群测群防体系现状与对策[J].灾害学,31(1):144-147.

刘艳辉,唐灿,吴剑波,等,2011.地质灾害与不同尺度降雨时空分布关系[J].中国地质灾害与防治学报,22(3):74-83.

聂忠权,盛丽君,范文,2005.基于GIS技术的地质灾害易发程度分区评价系统[J].公路交通科技(增刊1):156-159.

彭继兵,许强,郭科,2005.应用多传感器多模型融合技术提取滑坡综合信息[J].中国地质灾害与防治学报,16(4):109-112.

强菲,赵法锁,段钊,2015.陕南秦巴山区地质灾害发育及空间分布规律[J].灾害学,30(2):193-198.

乔彦肖,李密文,张维宸,2002.基于遥感技术支持的地质灾害及孕灾环境综合评价[J].中国地质灾害与防治学报,13(4):83-87.

秦四清,张倬元,黄润秋,1993a.滑坡灾害预报的非线性动力学方法[J].水文地质工程地质,12(5):1-4,58.

秦四清,张倬元,王士天,1993b.顺层斜坡失稳的突变理论分析[J].中国地质灾害与防治学报(1):40-47,57.

秦四清,张倬元,王士天,等,1995.滑坡前兆异常识别方法[J].露天采煤技术(1):11-15.

任幼蓉,陈鹏,张军,等,2005.重庆南川市甑子岩W12#危岩崩塌预警分析[J].中国地质灾害与防治学报,16(2):28-31,37.

唐皓,赵法锁,宋飞,2015.陕西地震灾区滑坡类型及其时空分布特征:以略阳县为例[J].中国地质灾害与防治学报,26(1):9-15.

滕宏泉,范立民,向茂西,等,2016.陕北黄土梁峁沟壑区地质灾害与降雨关系浅析:以陕北延安地区2013年强降雨引发地质灾害为例[J].地下水,38(1):155-157.

王桂杰,谢谟文,邱骋,等,2011.差分干涉合成孔径雷达技术在广域滑坡动态辨识上的实验研究[J].北京科技大学学报,33(2):131-141.

王念秦,罗东海,2008.滑坡发育阶段判定的改进可拓层次分析方法[J].中国地质灾害与防治学报,19(4):27-32.

王思敬,2002.地球内外动力耦合作用与重大地质灾害的成因初探[J].工程地质学报,10(2):115-117.

伍法权,王年生,1996.一种滑坡位移动力学预报方法探讨[J].中国地质灾害与防治学报(增刊1):38-41,85.

徐开祥,黄学斌,付小林,等,2007.三峡水库区地质灾害群测群防监测预警系统[J].中国地质灾害与防治学报,18(3):88-91.

许东俊,陈从新,刘小巍,等,1999.岩质边坡滑坡预报研究[J].岩石力学与工程学报,5(4):1-4.

许强,黄润秋,李秀珍,2004.滑坡时间预测预报研究进展[J].地球科学进展,19(3):478-483.

闫满存,王光谦,李保生,等,2000.广东沿海陆地主要地质灾害及其控制因素分析[J].地质灾害与环境保护,11(3):204-211,229.

阳吉宝,钟正雄,1995.位移矢量角在堆积层滑坡时间预报中的应用[J].山地研究(1):49-54.

杨建军,谢振乾,郑宁平,2004.模糊聚类分析在西安市区域地壳稳定性评价中的应用[J].地质力学学报,10(1):57-64.

殷坤龙,晏同珍,1996.滑坡预测及相关模型[J].岩石力学与工程学报,15(1):1-8.

殷跃平,2004.三峡库区重大地质灾害及防治研究进展[J].岩土工程界(8):20-26.

尹先娥,常智胜,2016.水城县地质灾害时空分布规律及影响因素分析[J].贵州地质,33(2):113-116,131.

于远忠,1996.崩塌滑坡地质灾害宏观前兆机理研究[J].中国地质灾害与防治学报,7(7):27-30.

曾磊,黄玉华,2010.黄土高原河谷演变与地质灾害发育规律研究:以陕西省子长县为例[J].中国地质灾害与防治学报,21(3):67-72.

张春山,何满潮,张业成,2000.中国地质灾害时空分布特征与形成条件[J].地理学报,55(4):485-492.

张春山,张业成,胡景江,等,1999.中国大陆新构造运动与地质灾害时空分布[J].地质力学学报,

5(3):84-88.

张桂荣,殷坤龙,刘礼领,等,2005. 基于 WEBGIS 和实时降雨信息的区域地质灾害预警预报系统[J]. 岩土力学,26(8):1312-1317.

张俊,王昂生,1994. 全球卫星定位系统与减灾[J]. 中国减灾,4(2):26-28.

张立杰,石山,刘茜,2016. 广西地质灾害时空分布特征及成因分析[J]. 广西水利水电(6):64-67.

张咸恭,黄鼎成,韩文峰,等,1990. 人类活动与诱发地质灾害[J]. 地质灾害与防治(2):3-10.

张玉娇,侯君君,2017. 基于 SPSS 的区域地质灾害时空分布特征研究——以佛坪县为例[J]. 江西建材(10):213.

张珍,李世海,马力,2005. 重庆地区滑坡与降雨关系的概率分析[J]. 岩石力学与工程学报,24(17):3185-3191.

周平根,唐灿,王思敬,1998. 人类活动与诱发地质灾害[J]. 科学对社会的影响(1):14-19.

周样样,2013. 陕南地区强降雨条件下突发型地质灾害成因机制研究[D]. 西安:长安大学.

祝俊华,陈志新,祝艳波,2017. 延安市滑坡分布规律及发育特征[J]. 地质科技情报,36(2):236-243.

庄建琦,彭建兵,李同录,等,2015. "9·17"灞桥灾难性黄土滑坡形成因素与运动模拟[J]. 工程地质学报,23(4):747-754.

ALEOTTI P,BALDELLI P,BELLARDONE G,et al.,2002. Soil slips triggered by October 13-16,2000 flooding event in the Piedmont Region (Northwest Italy):critical analysis of rainfall data[J]. Geomorphology,46(1/2):123-135.

CVETKOVI V,DRAGICEVI S. Spatial and temporal distribution of natural disasters[J]. Journal of the Geographical Institute Jovan Cvijic SASA,2014,64(3):293-309.

CHRISTIAN J T l,1977. Numerical methods in geotechnical engineering[M]. New York:McGraw-Hil.

LAKSMIWATI H,SURYANI K N,AZIZAH F N,et al.,2013. Spatiotemporal modeling for disaster in Indonesia:a conceptual model[J]. Procedia Technology,11:1229-1237.

RAGOZIN A L,2000. Fundamentals of natural hazard risk assessment [M]. Moscow:Nauchnyi Mir.

REMONDO J,SOTO J,GONZALEZ-DIEZ A,et al.,2005. Human impact on geomorphic processes and hazards in mountain areas in northern Spain[J]. Geomorphology,66(1/4):69-84.

SAITO M,1965. Forecasting the time of occurrence of a slope failure[C]// Proceedings of the 6th International Conference on Soil Mechanics and Foundation Engineering. Montreal:[s. n.],1965:537-541.

U. S. GEOLOGICAL SURVEY,2000. National landslide hazards mitigation strategy[R]. Reston:USGS,2000.

VAN ASCH T W J,BUMA J,VAN BEEK L P H,1999. A view on some hydrological triggering systems in landslides[J]. Geomorphology,30(1/2):25-32.

ЕМИЛЬЯНОВА Н А,1956. Принципы мониторинга смещения оползней[M]. Москва:Госгеолиздат.